唤醒孩子的
数学脑

陈毅敏　著

北方联合出版传媒(集团)股份有限公司
万卷出版有限责任公司

© 陈毅敏　2022

图书在版编目（CIP）数据

唤醒孩子的数学脑 / 陈毅敏著. —— 沈阳 : 万卷出
版有限责任公司，　2022.3
ISBN 978-7-5470-5812-1

Ⅰ.①唤… Ⅱ.①陈… Ⅲ.①数学—少儿读物 Ⅳ.
①O1-49

中国版本图书馆CIP数据核字(2021)第212503号

出版发行：北方联合出版传媒（集团）股份有限公司
　　　　　万卷出版有限责任公司
　　　　　（地址：沈阳市和平区十一纬路29号　邮编：110003）
印　刷　者：唐山市铭诚印刷有限公司
经　销　者：全国新华书店
幅面尺寸：145mm×210mm
字　　数：105千字
印　　张：5
出版时间：2022年3月第1版
印刷时间：2022年3月第1次印刷
责任编辑：齐丽丽
责任校对：佟可竟
策划编辑：李　昕　马剑涛
插　　图：张　扬
封面设计：焱　玖
ISBN 978-7-5470-5812-1
定　　价：36.00元
联系电话：024-23284090
传　　真：024-23284448

常年法律顾问：王　伟　版权所有　侵权必究　举报电话：024-23284090
如有印装质量问题，请与印刷厂联系。联系电话：022-69236860

前言

　　在日常生活中，数学是我们每个人都会接触的且不可或缺的基础学科。数学源于生活，它用简单的方式总结出来的公式定理为自然科学奠定了基础，更重要的是它还带给人们一种数学思维。

　　本书作者陈毅敏是中国数学奥林匹克一级教练，从事小学数学教育 30 多年，一直致力于数学基础教育研究。本书最大的特点是汇集生活中的应用数学思维的案例，将抽象的数学思维讲得简明易懂，清楚了然。比如：透过日出东方的自然现象，你能了解到概率思维的神秘；越过可伸缩的电拉门，你会感受到几何思维的奥秘；穿过复杂的蛋糕切割模型，你可以找到抽象思维的真谛。

本书采用故事叙述的方式，将生活中出现的数学思维应用案例加以归类总结。书中的主人公铛铛和锁锁是一对幸运的龙凤胎兄妹。他们的妈妈是一位温柔善良且热爱事业的数学老师，她经常启发孩子们要留心观察生活，勤于思考，告诉他们数学思维就在每个人的身边。他们的爸爸是一位聪明机智、喜欢动手做实验的上班族，他经常将抽象的数学思维通过演练的方式生动形象地展示给他们看。这种寓教于乐的方式让铛铛和锁锁爱上了数学，学会从生活中发掘数学知识，并学会举一反三、融会贯通。

　　无论多么高深的数学知识，最终都要融入社会实践当中，数学思维训练课正是去繁从简，从根本上搭建起数学与生活之间的桥梁，让孩子在轻松的阅读氛围中了解数学的概念及性质，掌握数学思维方式，从而在孩子的心里种下一颗热爱数学的种子，等待着它开花结果，馥郁芬芳。

目录

第6章 整体与局部思维

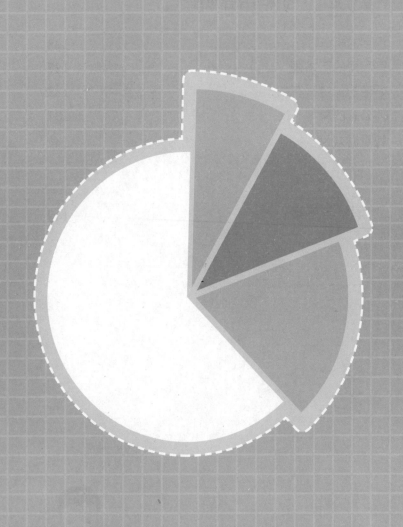

第 1 章

神秘的概率思维

　　大自然是位数学家，它为每件事情都提前算好了发生的可能性。这个可能性的大小，我们称为"概率"。太阳的东升西落蕴含着自然界的一般规律，也预示了必然事件的结果；铠铠和锁锁是少见的"龙凤胎"兄妹，说明了小概率事件发生的可能性。生活中的偶然与巧合随处可见，一些情况时有发生，在这些事件的背后都体现出了一种概率思维。

01 太阳从东方升起

你们思考过每天的日升日落和数学之间有什么联系吗？

铠铠和锁锁今天很开心，他们不仅有了一次难忘的郊游经历，

还学到了一个新概念——必然事件。

假期里，爸爸妈妈带着铠铠和锁锁去郊外露营，这是少数可以真正去亲近大自然的机会。在郊外，他们吹着惬意的清风，尽情享受自然风光的美好。到了晚上，他们早早就躺进了帐篷里，为第二天能够早起看日出做准备。

第二天，当天际处刚刚升起一道光亮时，铠铠一家人已经爬到了山顶，等待着太阳升起。

"爸爸，太阳从哪边升起啊？"铠铠盯着破晓前的天空，好奇地问爸爸。

爸爸笑着摸了摸铠铠的头，然后说道："傻孩子，太阳当然是从东边升起，再从西边落下啊。"

"每天都是这样吗？"锁锁在旁边接着追问。

"是的，天天都是如此，太阳每天东升西落是自然界不变的规

律。大自然是很神奇的，有很多奥秘等待着我们去挖掘和探索。"
爸爸望着东边天空那轮即将升起的太阳向孩子们解释道。

"快看，太阳升起来了！"锁锁激动地拉着妈妈的手，兴奋得
不得了。

妈妈，快看！太阳从
东边升起来了！

"孩子们，你们知道吗？其实太阳东升西落的现象还可以用数
学的方式来表达。"妈妈低下头问铛铛和锁锁。"数学的方式？"
兄妹两个异口同声地问妈妈。

"是啊，在数学中有一个分支学科叫'概率学'，专门用来衡量一件事情发生的可能性。像太阳每天从东边升起这种可以提前预知一定会发生的事情叫作必然事件，而一定不会发生的事情则叫作不可能事件。"作为数学老师的妈妈乘机向铛铛和锁锁普及数学知识。

"妈妈，那是不是太阳从西边升起就是不可能事件啊？"铛铛笑嘻嘻地问妈妈。

妈妈捏了捏铛铛的小鼻子，宠溺地说道："恭喜你，答对了，宝贝儿！"

确定现象

当事件的结果是可以预知的，在一定的条件下，一定会出现和一定不会出现的现象，在概率中被称为确定现象。

下山的路上，妈妈对铛铛和锁锁继续讲道："孩子们，你们知道吗？其实生活中像这样的必然事件还有很多。比如：在地球上，向上抛出去的篮球会自己落下来；在标准大气压下，水加热到 100°C 会沸腾；从一个只装有白球的箱子中取出一个球，颜色一定为白色；等等。汉语中有一个成语叫作'瓮（wèng）中捉鳖

(biē)'，其实也是对必然事件的一种描述。"

瓮中捉鳖

瓮中捉鳖：从大坛子里捉王八。比喻想要捕捉的对象已在掌握之中，形容手到擒来，轻易而有把握。

"妈妈,我明白了,必然事件就是确定的,比如天空是蓝色的,云朵是白色的。想不到数学知识就在我们身边啊。"锁锁回头笑着对妈妈说。妈妈望着两个孩子手拉手跑下山的背影,脸上洋溢着幸福的微笑。

在日常生活中,我们常用"概率"来表示一件事情发生可能性的大小。对于必然事件,数学上用"1"来表示它发生的概率;对于不可能事件,则用"0"来表示它发生的概率。

$$P(必然事件) = 1$$
$$P(不可能事件) = 0$$

并不是概率为 1 的事件就是必然事件,必然事件不是通过概率来定义的,而是通过事件本身来定义的。只有一定会发生的事件才能称为必然事件。科学理论中的大多数都是必然事件。

总结

概率现象存在于生活的方方面面,它是预判一件事情发生的可能性的数学量。除了必然事件和不可能事件,还有一些事前不可预知结论的现象,我们将这类现象称为随机事件,随机事件发生的概率介于 0 和 1 之间。

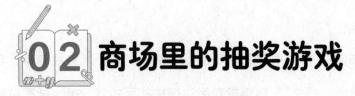

商场里的抽奖游戏

不论是买彩票还是玩抽奖游戏，

既是运气的较量，

也是数学知识的比拼。

周末，铛铛和锁锁一起去看了新上映的科幻电影，奇幻的 3D 视觉效果加上绚丽华美的特效带着他们进入了一个"异次元"的新世界。走出电影院，锁锁还在回味刚刚电影里出现的震撼场景，完全没有注意到在一旁激动地称赞电影主角的铛铛。

由于两个人都沉浸在电影之中，铛铛没留神，差点儿撞倒影院前面摆着的立牌。他抬头一看原来是一个圆形的抽奖轮盘。这时一位漂亮姐姐走了过来，笑着说："小朋友，商场周年庆抽奖活动，凭一张电影票就能玩一次转盘抽奖游戏哟！"

铛铛盯着彩色的大转盘，被上面的礼物吸引住了，转过头对锁锁说："不如我们试一试吧，说不定可以抽到心仪的礼物呢！"

锁锁紧张地拉着哥哥的衣角，小声地伏在哥哥的耳畔说："不行，妈妈说了这都是骗人的，我们还是赶紧回家吧，晚了爸爸妈妈要担心了。"

"可这个是拿电影票抽奖啊，不需要花钱，就算抽不中，我们也没什么损失。"铠铠指着旁边摆放礼品的展示柜，试图说服锁锁。

"太好了！"铠铠高兴得跳了起来。

"姐姐，我们有两张电影票，是不是可以抽两次奖啊？"锁锁走过去，乖巧地问漂亮姐姐。"当然可以啦，小朋友。只要凭一张电影票，就可以拥有一次抽奖机会，电影票越多，玩抽奖游戏的次数也就越多，快去看看大转盘吧，中奖概率非常高哟。"

铛铛笑着对漂亮姐姐说："我早就想好了，我想要一张美食特惠券，这个商场里的炸鸡特别好吃，妈妈不让我经常吃，有了特惠券，我就可以自己买了。"

漂亮姐姐看着圆盘，笑着对铛铛说："你的这个心愿很容易实现，美食特惠券是绿色的那一栏，左右两侧都有，中奖的概率还是很大的。"漂亮姐姐又转身问锁锁："小妹妹，你想要什么礼物啊？"

"姐姐，我想要粉色的围巾，在哪一栏啊？"锁锁看着圆盘焦急地问道。

"这个在暖冬礼物那一栏哟。不过，想要抽中这个可就没那么容易了。"漂亮姐姐对锁锁说道。

"为什么啊？因为它只有一栏吗？"锁锁疑惑地问道。

"不完全是。其实我们在做周年庆活动的时候，对大转盘是有设计的。你们看，转盘的形状是个圆形，而奖项所占的板块，是一个个小的扇形。通过计算扇形面积占整个圆形面积的比重，可以推算出获得每一种奖项的可能性有多大。也可以直接用扇形的圆心角与360的比值来计算每一种奖品的获奖概率，重复的奖项就把

它们叠加在一起来计算。"漂亮姐姐回答。

漂亮姐姐继续对他们讲道："这个就是我们通过数学计算的方式得到的结论,从整体上来说,暖冬礼物所在圆盘的面积没有美食特惠券的面积大,所以中奖的概率会小一点儿。不过别灰心,这只是预测可能性的大小,真正的情况不一定是这样的!"

"没抽中也没关系,哥哥,我先来吧!"锁锁转过头对铛铛说道。她左手用力地向下拉动着转盘,转盘就像风车一样吱吱地转了起来。

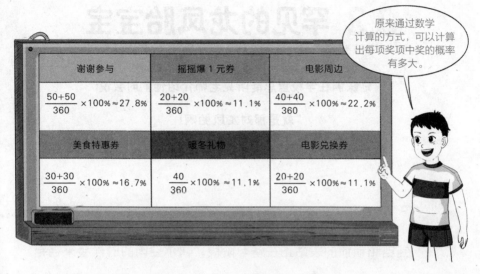

原来通过数学计算的方式，可以计算出每项奖项中奖的概率有多大。

谢谢参与	摇摇爆1元券	电影周边
$\frac{50+50}{360} \times 100\% \approx 27.8\%$	$\frac{20+20}{360} \times 100\% \approx 11.1\%$	$\frac{40+40}{360} \times 100\% \approx 22.2\%$
美食特惠券	暖冬礼物	电影兑换券
$\frac{30+30}{360} \times 100\% \approx 16.7\%$	$\frac{40}{360} \times 100\% \approx 11.1\%$	$\frac{20+20}{360} \times 100\% \approx 11.1\%$

夕阳下，粉色的围巾在风中飞扬，锁锁很开心，因为这是哥哥帮她抽中的礼物。

总结

概率的应用非常广泛，我们可以凭借对事件发生的可能性做出判断，尽可能地降低风险，选择更理性、稳妥的方案。但可能性大的事件不代表一定会发生，概率中的大部分事件都是随机的，存在不确定性。

03 罕见的龙凤胎宝宝

兄妹俩在学校里总能听见老师介绍他们时会说:

"就是那对龙凤胎啊!"

他们不明白为什么大家见到龙凤胎都会觉得很新奇.

铛铛和锁锁的表姑正在备孕阶段,偶尔空闲的时候会来铛铛和锁锁的家里做客。铛铛和锁锁时常听到表姑说希望能够"沾沾福气",他们听得一头雾水。有一天,躺在沙发上摆弄着积木的铛铛终于忍不住问表姑:"姑姑,您总说的'沾福气'是什么意思啊?这还没到过年怎么'沾福气'呢?"

"哈哈哈……"表姑被铛铛稚气可爱的模样逗得开怀大笑,坐在沙发上的妈妈微笑地看着两个孩子。铛铛不解地看向锁锁,心想是不是自己问的问题太幼稚了。

表姑笑着问铛铛和锁锁:"姑姑准备怀小宝宝了,这样你们就会有弟弟或妹妹了,你们开心吗?""那还用说,肯定高兴呀!"锁锁迫不及待地回答道。

"可是呢,姑姑也希望能够同时拥有两个像你们这么可爱的宝贝，这样你们就既有小弟弟又有小妹妹了！"表姑望着铠铠和锁锁，露出了幸福的笑容。

"我明白了，姑姑是想生一对像我和锁锁这样的龙凤胎，对吗？"铠铠转过头问妈妈。妈妈笑着点点头。表姑接着对孩子们说道："铠铠真聪明，不过能生一对龙凤胎宝宝是概率很小的事，所以姑姑才会说来你们家里'沾沾福气'呀！"

> 我真是太羡慕你了！有这么一对聪明又可爱的龙凤胎。

"学校里经常会有老师和同学惊呼我和铠铠是龙凤胎，龙凤胎真的很稀少吗？"锁锁好奇地问妈妈。

"生龙凤胎的概率大约是千分之一，也就是说一千个怀孕的妈妈当中大概会出现一对龙凤胎，所以你们说是不是很稀少啊？"妈妈耐心地向铛铛和锁锁解释道。

"啊！原来是这样，那我们可真幸运啊！"铛铛和锁锁听了妈妈的话，不由得惊呼道。

锁锁开心地跑过去抱住了妈妈，铛铛也放下了手中的积木，凑到了妈妈的身边，他们在拥抱中感受着家人的爱意。

表姑看着他们接着讲道："所以姑姑才会很羡慕啊，你看你们从小一起长大，互相帮助，相互陪伴，多好啊！"

妈妈一脸幸福地说："是啊，怀龙凤胎就像中大奖一样，是非

常难得的小概率事件呢！"

"妈妈，什么是小概率事件啊？"锁锁好奇地问。

"小概率事件啊，是数学里的概念，用来表示一件事情发生的可能性很小。"

小概率事件

小概率事件是指一个事件发生的概率很小。在概率论中，我们把概率接近于0（即在大量重复试验中出现的频率非常低）的事件称为小概率事件。

在日常生活中，像铛铛和锁锁这样的龙凤胎确实很少见。龙凤胎概率小与它在生物学上异卵双生的特性是分不开的。生活中还有很多像生龙凤胎这样的小概率事件，比如，下雨天被雷劈中，天上的飞机被地面上的步枪击中，等等。小概率事件说明了事件发生的可能性会很小，但不意味着它不会发生哟。

相反，小概率事件是一定会发生的，只是它什么时候发生、发生在谁的身上是不确定的，正因为这样，我们在碰到这种难得的情况时，才会惊叹不已。小朋友，动脑想一想，我们生活中的小概率事件还有哪些呢？

总 结

  概率的神秘之处就在于它的不确定性。我们可以通过数学计算的方式，算出某个事件发生的可能性的大小，却不能明确地判断出它下一次是否会真的发生，但是概率思维可以帮助我们提前在心里对事件的状况做出预判。

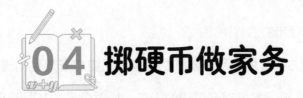

04 掷硬币做家务

每一枚硬币都有两个不同的面，

我们可以将它们与事物的两种选择相对应，

硬币抛出的结果可以帮助我们做出公平的选择。

晚饭后，妈妈喊铛铛和锁锁帮忙做家务，但是两个孩子却因为分工问题争论了起来。

"锁锁，你去帮妈妈擦桌子吧，我去扫地。"铛铛拍着妹妹的肩膀对她说。

"不，我想去扫地，你个子高，还是去擦桌子好一些！"锁锁显然对哥哥的分配不是很认同。

兄妹俩最近迷上了《哈利·波特》，因此对扫帚都萌生了一种说不出的好感。他们俩都紧紧握着扫帚，谁也不肯让步。

爸爸看到这一幕笑着摇了摇头，并对铛铛和锁锁说："不如我们采用一种公平、合理的方式来决定你们各自的任务吧！"

铛铛和锁锁立刻放下了争抢中的扫帚，齐刷刷地转头看向爸爸，只见爸爸摊开右手手掌，掌心有一枚硬币，爸爸微笑着说：

"我们用掷硬币的方式决定！"

"这个方式真的公平吗？"铠铠摸着后脑勺疑惑地问道。"放心吧，这是国际赛事都会采用的方式，绝对公平！"爸爸自信地说。"听爸爸的，就这么决定了。"锁锁站在一边对爸爸的提议表示赞同。

"你们两个各选硬币的一面，我抛出硬币，当硬币落下后，选中朝上的那一面的人去扫地，另一个人则去擦桌子，怎么样，你们同意吗？"说完，爸爸把手上的硬币递给铠铠和锁锁检查。

"没问题，我们同意。"孩子们不约而同地回答道。

"我选择带'花'的一面，看起来更漂亮。"锁锁说道。铠铠接着说道："好的，那我选择带'字'的一面。"

爸爸笑着看向孩子们，说："好的，既然你们选好了，那游戏就开始了啊。看仔细了，孩子们！"

爸爸用拇指将硬币向上弹出，硬币在空中划过了一道优美的弧线后落下，最终被爸爸牢牢地握在掌心。铠铠不由得瞪大了眼睛，锁锁紧张地拉住爸爸的衣袖，他们都在等待着爸爸打开手掌揭秘的那一刻。

"哇！是'花'的图案，我赢了！哥哥，你还是老老实实地帮妈妈擦桌子吧。"锁锁开心地拿起了扫帚，然后把抹布递给了铠铠。

铛铛不情愿地拿着抹布走到了桌子前。妈妈摸了摸铛铛的头，安慰他说："别灰心啊，明天我们继续掷硬币，下次你不一定会输哟。"

"真的吗？选择带'花'的一面会不会更容易赢啊？"铛铛疑惑地问妈妈。

"当然不是了！数学家雅各布·伯努利通过大量的重复试验

后，得出一个结论：无论是正面朝上还是反面朝上，两者的概率都接近于 50%。所以无论是选择硬币的正面还是反面，获胜的概率都是一样的。像在羽毛球之类的国际赛事上，裁判也会用掷硬币的方式决定谁先发球，因为这种方式对双方都非常公平。"妈妈向铛铛讲述了硬币游戏里的数学知识。

等可能事件

如果一次试验由 n 个基本事件组成，而且所有结果出现的可能性都是相等的，那么每一个基本事件就互为等可能事件。硬币正面朝上与硬币反面朝上就是两个等可能事件。

"原来是这样啊，那我要自己再试一试！"擦完桌子的铛铛开心地拿着硬币玩了起来。

虽然数学家经过试验得出了正面朝上与反面朝上的可能性相同的结论，但是对于下一次的结果是什么，确实是谁都无法预料，这就是概率的神奇之处。也就是说，我们抛出十次硬币，有可能会得到十次正面朝上的结果。

总结

事实上，任何一个事件发生的结果都是受条件影响的。在不同的条件下，事件发生的结果不同，得到的概率也会不同。但在生活中的有些状况下，条件是人为因素不可控制或无法预料的，这才是概率思维的神奇之处。

智勇游戏城

试练一

爸爸和铠铠、锁锁一起在玩纸牌游戏，他们从一副纸牌中挑出如下 6 张纸牌，正面朝下，将它们打乱。

游戏规则：铠铠与锁锁分别随机从中挑选一张纸牌，纸牌花色相同的情况下铠铠胜利，纸牌数值同为双数的情况下锁锁胜利。

请问这个游戏公平吗？

试练二

铠铠和锁锁在玩扔骰（tóu）子的游戏。假设兄妹俩分别向上抛一次，落地时朝上的面视为正面，那么是正面点数相同的概率大还是点数不同的概率大？

试练三

　　晚饭后，妈妈带着铛铛和锁锁去散步，正好赶上水果超市促销，凡是购买水果的顾客，都可以得到一次免费的抽奖机会，铛铛代表全家参与了抽奖。

　　抽奖游戏规则：在一个不透明的盒子里放着大小相同的四张卡片，先随机抽取一张，再从剩下的三张卡片里抽取第二张，若抽到的两张卡片为同一种水果，就可以得到一份精品水果盒；反之，则没有中奖。

　　请问铛铛中奖的概率有多大？

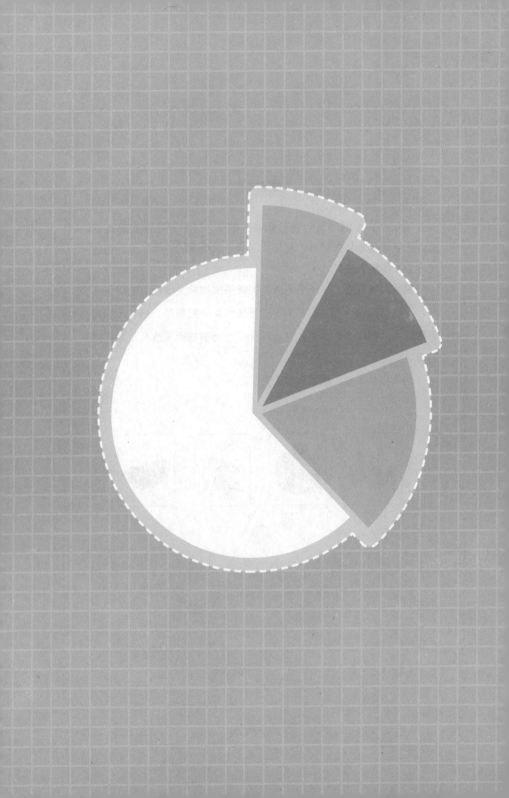

第 2 章

理性的序列思维

　　序是一种特定的规律，列是排列和分布。简单来说，序列思维是培养我们做事情的步骤和方法的一种思维方式。它可以帮助我们在做事情时更有条理，不丢三落四，还能帮助我们总结事情的规律，掌握规律，从而达到事半功倍的效果。

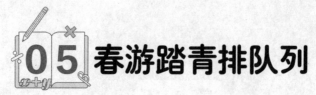05 春游踏青排队列

我们在生活中都曾遇到过排队的情况，

比如在餐厅里凭借序号领餐，

每个队列都是按照一定的规律和特征进行排列的哟！

　　春季万物复苏，草长莺飞，学校组织了一场大型的春游活动。一大早，铛铛和锁锁便带着妈妈准备的午餐便当高高兴兴地出门了。当他们到达集合地点时，看到好多小伙伴已经到了，大家聚在一起，开心地交谈了起来。

　　"锁锁，你看，今天的天气可真好啊，天空特别蓝！"同桌莎莎激动地拉着锁锁的手说。

　　"是啊，大家一块儿出来玩儿真的是太开心了！"锁锁脸上洋溢着灿烂的笑容。

　　"同学们，我们要出发喽。"周老师手上拿着小红旗，微笑着提醒孩子们。

　　"铛铛，你帮老师清点一下人数，人齐了我们就出发。"周老师说。

　　铛铛欣喜地接受了周老师交给他的任务，但是面对着涌动的人群，他竟不知所措了。

　　"铠铠，不如你先让同学们站成一队，这样你能看得更清楚点儿。"旁边站着的锁锁忍不住给哥哥出起了主意。

　　"有道理，但是要怎么让这么多人快速站好队呢？"铠铠犯难地说道。

　　"有了，可以按升国旗的队列站啊。男生一列，女生一列，按

个头从矮到高的顺序排队。"锁锁提议道。

铛铛听后，觉得很不错，笑着夸赞锁锁："还是你有办法！"

"同学们，我们快出发了，大家不要聚堆，我们按照平时升国旗的队列站好哟，找一下自己的位置。"铛铛朝班级队伍呼喊着。同学们按照铛铛的指令开始移动，刚才还乱得像一锅粥似的人群，不一会儿，就排列得整整齐齐的了。周老师看同学们都站好了后，对着铠铠竖起了大拇指以示赞赏。

"你看这样再数人数就很容易了呀！"锁锁开心地扬起了头，为自己想到了一个绝妙的好主意而骄傲。

"是呀！这样还能看清同学们所在的位置。"铠铠一边夸奖妹妹想出的好主意，一边为自己顺利完成周老师交代的任务而开心。

周老师接着提醒同学们："大家按照现在排队的顺序依次报个数吧，然后记住自己对应的数字是多少，这样我们就能按数字的位置找到相对应的那位同学，从而很容易发现哪位同学在队伍里，哪位同学不在队伍里。这样可以防止同学们在春游的途中走散。"

铠铠听了周老师的安排，感慨道："没想到排队列还有这样的作用呢！队列里的每个数字都会对应着一位同学，按照顺序，就不会漏掉任何一个人了。"

周老师拍了拍铠铠的肩膀，微笑着对他说："那当然了，这就是我平常和你们提到的序列思维，它的用处可多了！"

序列

在数学中，序列是被排成一列的对象（或事件），这样，序列中的每个元素不是在其他元素之前，就是在其他元素之后。这里，元素之间的顺序非常重要。

日常生活中运用序列思维的例子还有很多，序列思维能让我们严格地按照规则做事情，从而避免出现遗漏的状况。比如，在考试的过程中，我们应该按照出题顺序去答题，如果在答题时东一下西一下，就很容易出现丢题、落题的情况。锻炼和提升序列思维能帮助我们改掉丢三落四的坏习惯。

总结

序列思维是一种非常基础的思维方式，尤其是思维比较跳跃的孩子，帮助他们建立序列思维的意识是很重要的。序列思维中往往蕴含着一种规律，找到这种规律，你可以很容易地推算出结果。

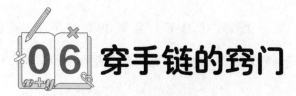

穿手链的窍门

铛铛和锁锁很早就学会了数数，

"1、2、3、4……"，从小到大，依次排开。

后来，他们慢慢发现生活中的很多事物都有自己的顺序。

"妈妈，您在干吗呀？"锁锁盯着妈妈手上晶莹剔透的漂亮珠子，好奇地眨着眼睛问。

"当然是为我们的小公主做一个好看的手链啊，怎么样？你喜欢吗？"妈妈把手链绳拉起，放在灯下，灯光照射下的珠子亮晶晶的，出现了一圈儿一圈儿的光晕。

"喜欢，它看起来好漂亮啊！"锁锁激动地欢呼起来。

"那妈妈要考考你啦，答对了，你才能得到手链。"妈妈笑着看向目不转睛地盯着手链的锁锁。

"没问题，妈妈您说吧！"锁锁一脸自信地扬起了头。

"这是一道关于这个手链的问题哟，你仔细观察一下这个手链的特点，然后告诉我第 38 颗珠子应该是什么颜色的。"说完，妈妈将手链摊开放在了桌子上。

“1，2，3……妈妈，您没有穿到第 38 颗珠子啊，这也太难为我了吧！”锁锁低着头数了半天，发现整条手链只有二十几颗珠子。

“当然了，你的小手腕这么细，怎么会需要那么多的珠子啊？所以这道题需要开动你的脑筋啦！”妈妈被噘着小嘴一脸委屈的锁锁给逗笑了。

在一旁玩游戏的铛铛听到这儿，也被吸引了，心想到底是什么难题把妹妹为难成这样，他好奇地凑了过来。

　　"锁锁，你快看这串珠子，它好像是有规律的。"铛铛拍着妹妹的肩膀，提醒她说。

　　"我发现了！这其中有很多相同的珠子。"锁锁仔细地看了看，惊喜地说道。

　　"对，就是这样。所以，它每间隔一段距离，就和前面珠子的排列顺序一模一样，你看两颗星星中间夹的珠子都是相同的！"铛铛惊奇地说道。

　　"所以我们只要数出它间隔多少颗珠子会重复一次，就能推算出后面的珠子是什么颜色了。"锁锁拉着铛铛激动地说。

　　"好主意！就这么办！"铛铛为他们的发现感到兴奋不已。

　　"每两颗星星之间有 5 颗珠子。"铛铛盯着手链认真地说。

　　"算上星星，就是每相连的 6 颗珠子就会像前面的顺序一样循环重复一次。六六三十六，38 里有 6 个 6，也就是会重复 6 次。"锁锁思考了一会儿说道。

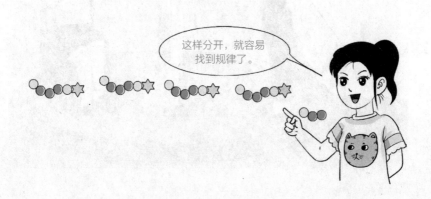

这样分开，就容易找到规律了。

"38 减 36 等于 2，也就是说，第 38 颗珠子的颜色与第 2 颗珠子的颜色相同，就是这样的。"铛铛回过头握着妹妹的手说道。

锁锁明白了铛铛的想法，兴奋地跳起来对妈妈说："是蓝色！是蓝色的珠子！妈妈，我说的对吗？"

"没错，就是蓝色，你们两个很棒哟，我宣布手链是锁锁的了！另外，铛铛在解题的过程中帮助了妹妹，所以送你一架遥控飞机。"说完，妈妈开心地帮锁锁戴上了漂亮手链。

"这个题目还挺有意思的，和找规律的题目差不多！"锁锁很开心，不仅收到了礼物，还在答题中收获了新知识。

妈妈点头回应道："不仅在数学中会遇到找规律的习题，在生活中也有很多规律哟。它们悄悄地躲起来了，你们要认真观察才能发现哟！"

总结

在思考和解决数学问题的过程中，按照一定的规律、顺序、步骤，以及一种指定的线索去探究的方式，通常被称为序列思维。我们在做事的过程中，应该按照一定的方法和步骤进行。

07 查词典的小妙招儿

当遇到不会的生字和生词时，你会怎么解决呢？

问老师？问父母？

掌握了查字典的妙招儿后，你就可以自己解决这些难题了。

锁锁特别高兴，因为妈妈给她买了一件新衣服，她穿着新买的卫衣美滋滋地站在镜子前东瞧瞧西望望，她发现卫衣的背面印着一个英文单词，可是她不知道这个单词是什么意思。"铛铛，你看见我卫衣上印着的单词了吗？它是什么意思呀？"锁锁走到正在拼乐高的铛铛身边，背着身问他。

铛铛抬起头，看了半天，然后摇了摇头说："我也不认识，你还是去问妈妈吧！"

妈妈正在忙着打扫房间，她告诉锁锁书架上有一本《英文词典》，可以通过查字典的方式弄清楚那个英文单词的意思。

锁锁踮着脚取下了书架上那本厚厚的《英文词典》，翻开字典，她看到里面写满了密密麻麻的英文单词，开始犯起难来。她不想去麻烦妈妈，就坐在地毯上顺手翻阅起来，里面的很多单词很长、很复杂，锁锁看不明白，不过翻了一会儿，她好像发现了什么。

原来词典里的单词都是按照 A、B、C、D、E、F……Z 这 26 个英文字母的顺序排列的，只要找到卫衣上的英文单词在词典里的位置，自然就能知道卫衣上单词的意思了。

锁锁把单词记到了一张纸上——"U-N-I-V-E-R-S-F"，再将字典翻到首字母是"U"的部分。"可接下来要怎么查找呢？第二个字母也是按照 26 个英文字母的顺序排列的吗？"锁锁的查询之路又陷入了僵局。

　　为了验证自己的想法，锁锁决定先查找一个自己熟悉的单词——猫的英文单词"cat"，按照 26 个英文字母的排列顺序，不一会儿她就找到了单词"cat"在词典里的位置。接着她又查找了一个自己熟知的单词——英文"cup"，运用同样的方法，也很快找到了"cup"在词典里的位置。她还发现单词"cup"所在的页码排在了单词"cat"所在页的后面，她想看来自己预测的没错，不单单是第二个字母、第三个字母、第四个字母，构成单词的每一个字母都是按照 26 个英文字母表的顺序排列在《英文词典》里的。

　　锁锁又对照了一下，在词典里，英文单词"ugly"的后面排着英文单词"UK"，锁锁为自己发现了查词典的小秘密而感到兴奋不已。

　　她小心翼翼地查找着，一个字母一个字母地对照着，生怕一不小心漏掉一个字母或者找错了。"U-N-I-V-E-R-S-E"，锁锁又对照了一遍，"就是这个，没错"，她用食指向后一滑找到了它的汉语意思——"宇宙"。锁锁通过自己的努力和智慧知道了卫衣上英文单词的意思，也掌握了查词典的技巧。

　　锁锁开心地抱着妈妈说："妈妈，卫衣上的英文单词是'宇宙'的意思，我是通过查词典的方式知道的，我还发现了英文字典里单词排序的秘密呢！"

妈妈温柔地低下头笑着问："是什么秘密啊？说来听听！"

"我发现英文词典中组成单词的每一个字母的顺序都是按照字母表的顺序排列的。"锁锁仰起头，对妈妈骄傲地说。妈妈摸着锁锁的头称赞道："锁锁居然自己学会了查词典，真是太聪明了！其实不单单是英文词典，中文字典的拼音查字法也是这样的，都是按照一样的顺序，学会了这种方法，再有不会的单词或生字就可以自己动手查了。"

单词的排序也是一种序列思维，更改字母的顺序，单词的意思就会发生变化。如下列这些单词，构成它们的字母是相同的，但是字母的顺序不同，意思就会相差很多。

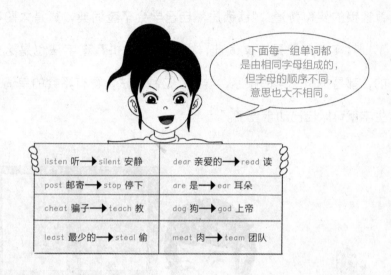

下面每一组单词都是由相同字母组成的，但字母的顺序不同，意思也大不相同。

listen 听 ➡ silent 安静		dear 亲爱的 ➡ read 读	
post 邮寄 ➡ stop 停下		are 是 ➡ ear 耳朵	
cheat 骗子 ➡ teach 教		dog 狗 ➡ god 上帝	
least 最少的 ➡ steal 偷		meat 肉 ➡ team 团队	

总 结

数学是一门非常严谨且有规律的学科，序列思维就是为各种各样的事物总结规律的一种方式。如果我们在做每件事之前都能清楚先做什么、后做什么，需要经过哪些阶段，那做起事来自然得心应手。

08 积木搭成的金字塔

铛铛和锁锁发现不仅数字、字母有它们的顺序，

从积木模型中也能找到一些规律。

妈妈说："这个是图形的规律。"

表姑送给铛铛和锁锁一份新年贺礼——新款的积木玩具，他们都对它爱不释手。整套积木由 60 块相同的小正方体积木块组成，可以通过任意组合，搭建出各式各样不同形状的立体模型。

铠铠和锁锁在玩耍的过程中，突然有了灵感，他们打算用这些小正方体积木块搭建一座简易的金字塔，最基础的塔尖由 4 个小正方体组成，每建高一层，就在最下面一层原有的基础上每一行再多增加一个，作为新的底层。

金字塔越搭越高，从侧面看，像一个缓缓上升的台阶。他们准备用这些积木块搭建一座最高的金字塔。

最开始铠铠和锁锁并不知道最下面一层放多少个小正方体合适，试验了几次，他们发现，从上向下的搭建方式更容易找到规律。

经过仔细观察，铠铠和锁锁发现了以下规律。

由此可以推算出第五层用到的小正方体积木块数量为：

$$1 + 2 + 3 + 4 + 5 = 15（块）$$

铠铠说："想要计算金字塔所用积木块的总数量，就要把每一层的积木块数量都加到一起。"

前五层用到的小正方体积木块的总数为：

$$1 + 3 + 6 + 10 + 15 = 35（块）$$

那剩下的小正方体积木块有：

$$60 - 35 = 25（块）$$

锁锁看着地上四处散落着的积木块，对哥哥说："我们还能再搭建一层吗？"铠铠思考了一会儿说道："那要看第六层需要多少块积木了。"

锁锁举起小手，开心地对哥哥说："这个我会计算。"说完，锁锁拿起笔唰唰地在纸上算了起来。

按照前面已经搭好的每一层，第六层要用到的小正方体积木块的数量为：

$$1 + 2 + 3 + 4 + 5 + 6 = 21（块）$$

锁锁回答道："是 21 块！"

一层		1	1
二层		3	1+2
三层		6	1+2+3
四层		10	1+2+3+4

　　"太好了！"铛铛开心地说道，"我们现在还剩下 25 块积木，可以完成第六层的搭建。"两个孩子屏住呼吸，小心翼翼地把一块又一块积木按顺序摆放好，眼看着金字塔模型越来越高。

　　摆放完积木的铛铛摊开手掌，手里攥着余下的 4 个小积木块，对锁锁说："看来，这个金字塔最高也就只能到六层了。"

金字塔是四面立体的，想想看还有其他的搭建方式吗？

铠铠和锁锁在积木搭建游戏中根据每一层用到的积木块的数量总结出了图形变化的规律，由此推算出每一层会用到多少块小正方体积木块。不仅在游戏中，生活中也无处不隐藏着关于序列思维的知识，我们要能够通过序列思维总结规律，再根据规律推断出最终的结果。

总 结

只要你有善于发现的眼睛和勤于思考的大脑，就能在游戏和生活中发现规律。比如做饭，看似简单，也需要按照步骤和顺序一步一步地进行。只有拥有序列思维，我们的生活才会变得有条不紊。

智勇游戏城

试练四

妈妈打算重新装修电视背景墙。装修设计师测量了背景墙的高度，大概是 12 块瓷砖拼接起来的长度，并给出了电视背景墙的设计示意图。你能帮铛铛和锁锁计算一下铺满整个电视背景墙，需要多少块灰色瓷砖，多少块蓝色瓷砖吗？

示意图：

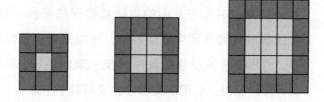

试练五

中秋节到了，铛铛一家人围坐在一起吃团圆饭。锁锁观察到一张桌子的周围可以坐 6 个人，这时妈妈突然向两个孩子提问：如果是 10 张这样相同的桌子并到一起可以坐多少人？

试练六

　　铛铛和锁锁跟着爸爸妈妈来到一个农场里游玩。他们看到黄灿灿的油菜花地里有一个正在旋转着的大风车，风车的四片风叶分别涂上了如下图所示的四种颜色。铛铛和锁锁观察了片刻，很快发现了风车是按顺时针旋转的，颜色的位置按照一定的规律变化，你能根据前面三个风车颜色的位置，推断出第四个风车的颜色，并为其涂上颜色吗？快来动手试一试吧！

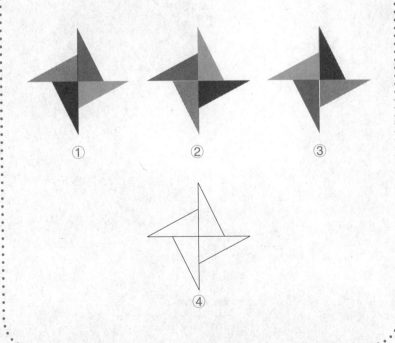

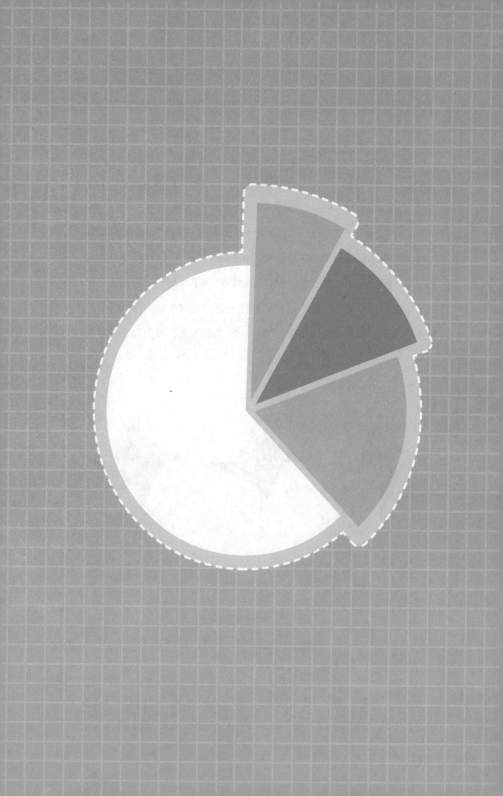

第 3 章

百变的几何思维

　　几何图形存在于我们生活的方方面面，如矩形的门窗、圆形的车轮等。但我们很少认真思考过，几何图形的设计与应用，与每一种图形的特性是分不开的。几何图形经过翻折、旋转等变化就会变成空间立体图形。百变的几何思维带我们进入了一个多次元维度的世界，也让我们感受到了几何图形给生活带来的便捷。

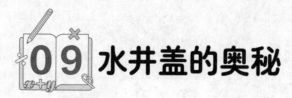

09 水井盖的奥秘

每件物品都有它的外在形状，

你是否思考过为什么它会被设计成这种造型？

快来一起看看铠铠和锁锁是如何通过水井盖了解到圆形知识的！

　　刚下过一场暴雨，空气变得湿润又清新，不远处的天边还有一道浅浅的彩虹。铠铠和锁锁手拉着手，跟着妈妈一起走在放学回家的路上。他们很开心，一路上嘻嘻哈哈地说着学校里的趣事。

　　当他们进入巷子里时，发现雨后的路面上积起了一滩水洼，妈妈依次抱起铠铠和锁锁跨过了积水洼。"妈妈，为什么马路上就没有这么多积水呢？"铠铠望着身后的水洼疑惑地问妈妈。"当然是因为马路平坦宽阔了！"锁锁抢着回答道。

　　妈妈摸了摸锁锁的头，笑着说："锁锁说得有道理，不过更重要的原因是马路上有排水管道，它可以将路面上的积水排到地下。"

　　"原来是这样啊。"铠铠听完后似懂非懂地点了点头。

"孩子们，你们观察过吗？为什么下水管道的盖子都是圆形的？"妈妈打算考考铛铛和锁锁。"还真是啊！"经过妈妈的提醒，铛铛也惊奇地发现了。

"是因为圆形的井盖好看吗？"锁锁不解地看着妈妈。

妈妈回过头笑着对锁锁说："是这样的，但是不仅仅如此，圆形的井盖还有它的实用价值呢！"

"我知道，圆形的井盖比较容易搬运，它可以像车轮一样在地上滚动。"铛铛自信地扬起了头。

"这个原因也是有的，但很大一部分原因是圆的每一条直径都相等，如果把井盖立起来，圆形的井盖不容易从井口掉下去，常见的其他图形就没有这个特点哦。"妈妈向两个孩子解释道。

"而且圆形的直径相等还使得圆周上每一处的受力都均匀相等，因此井盖不容易被损坏。"妈妈接着说道。

"圆形的直径为什么会相等啊？"调皮的铛铛开启了"十万个为什么"模式。

"这是圆的特性之一，等你们学习了圆形的性质就会明白了。"

圆 的 定 义

在同一平面内，到定点的距离等于定长的点的集合叫作圆。这个定点叫作圆的圆心。

"原来井盖的设计有这么多深意呢！"听了妈妈的讲解，锁锁不禁感叹道。

"其实圆形的特点还有很多呢。比如在周长相等的情况下，圆形的面积更大，这样能使井下的空间更宽敞。"妈妈看着正在思考着的铠铠和锁锁会心地笑着说。

　　"可能因为洞口是圆形的，所以才需要一个圆形的盖子。"铠铠笑嘻嘻地开着玩笑说。

　　"这个原因也是有的，因为人需要从洞口爬上爬下，而人身体的横截面近似一个圆形，所以采用了圆形的洞口和井盖。"妈妈对铠铠的回答表示了肯定。

"原来一个小小的井盖竟然藏着这么多学问！"铠铠为学到了不少知识而感到高兴。妈妈拉着孩子们的手笑着说道："几何图形的魅力大得很，只要你们认真观察就会发现更多神奇之处！"

原来，几何图形的应用与每种图形的特性是分不开的。铠铠和锁锁通过常见的水井盖，了解到了关于圆形的知识。

小朋友，请你找一找，我们的生活中还有哪些圆形物品。

总结

在中国的传统文化中，圆形是美的象征，寓意着和谐圆满。因为圆的几何特点，使它带有一种均衡的力量之美。把圆旋转变换后，它就变成了空间上的球，像地球、月球就是我们熟知的球体形象。

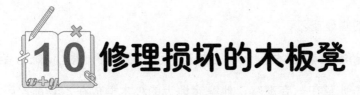 10 修理损坏的木板凳

屋顶的房梁和自行车的车身都是三角形的形状,

这与三角形具有稳定的结构是分不开的,

铠铠爸爸利用三角形的这个特征成功地变废为宝。

铠铠坐在小板凳上组装遥控小汽车,突然他感觉凳子腿有些不稳,紧接着,一屁股就坐到了地上。妈妈急急忙忙地从厨房里跑出来,扶起了铠铠,询问他受伤了没有。

铠铠站起身,走到小凳子的旁边,用手摇了摇,才发现原来是凳子的一条腿松动了,歪向了一侧,像是有意要远离它的三位好兄弟。妈妈打算把小凳子扔到楼下的垃圾箱里,却被刚进门的爸爸拦住了:"这个小凳子修理一下还能继续用呢,别丢啊。"

"爸爸,它都立不稳了,还能修好吗?"铠铠抬头看着爸爸说道。

"这点儿小事可难不倒老爸,修完保证比原来的更结实!"爸爸拍着胸脯自信地说道。

"那就让爸爸试一试吧!"铠铠突然有了兴致,他想学习一下

爸爸的修理技艺。

爸爸从储物室里拿出了工具箱，手上还拿了一根小木棍。铠铠好奇地蹲在一旁观察，他拿起地上的小木棍放在木凳前比照，不够长也不够宽，心想：这么小的木棍会拿来干什么用呢？铠铠不解地看着爸爸。

只见爸爸从工具箱里取出两根钉子和一把小锤子，把小木棍的一头放在松动的凳子腿上，另一头放在连接凳子腿的横梁上，然后拿起锤子和钉子叮叮当当地钉了起来，不一会儿钉子就被钉进了木头里。爸爸把钉好的板凳放到铠铠面前，对他说："儿子，过来坐上去试一试。"

铠铠半信半疑地走了过去，两只手摇了摇小凳子，松动的凳子腿果然不晃了，他又试着坐了坐，小木凳很稳固，连之前坐上去嘎吱嘎吱的声响都听不到了。铠铠惊喜地对爸爸说："太神奇了，老爸，您是怎么做到的？"

爸爸哈哈大笑，说道："孩子，这是利用了三角形具有稳定性的特征啊！"

妈妈看到地上刚刚修理好的小凳子，轻轻地拍了一下脑袋，笑着说道："对呀，我怎么没想到呢，松了的凳子腿，放在地上就会不稳。加上一根木棍后，在凳子腿的部分就构成了一个三角形，而三角形具有稳定性，正好可以稳固松动的凳子腿，真是厉害啊！"妈妈说完，对铛铛爸竖起了大拇指。

　　铛铛左瞅瞅右望望，一脸疑惑地说道："爸爸妈妈，你们都把我说糊涂了，什么叫三角形具有稳定性啊？"

　　爸爸笑着放下手上的东西，耐心地向铛铛解释道："三角形是多边几何图形中最具有稳定性的图形，它的形状不会轻易改变。只要能知道三角形三条边的长度，这个三角形的大小和形状也就确定了，也就是说三角形的形状相对比较稳固，这个性质就称作三角形的稳定性，这是三角形的独特之处。著名的港珠澳大桥总长度55千米，这么长的跨度却可以那么稳固安全，也是利用了三角形的稳定性。还有我们日常看到的高压电线的支架、屋顶都是采用了这个原理。"

"原来是这样啊，三角形的稳定性在生活中有这么多用处呢，看来每一个几何图形都有它的特性！"铛铛为自己找到了三角形的秘密而开心地笑了。

总 结

如果你仔细观察就会发现，梯子、篮球架和自行车的车身这些生活中随处可见的物体都运用了三角形的特征。其实三角形的特性和用途远不止于此，利用直角三角形，我们还能测量出国旗杆的高度和影子的长度。

11 可伸缩的电动拉门

前面我们讲了三角形是最具稳定性的多边形,

那你知道不具有稳定性的图形是哪种吗?

快跟着铛铛一起走进四边形的世界吧!

铛铛盯着修好的木板凳思考了好一会儿,突然他站起身来走到爸爸面前,问道:"爸爸,三角形是最稳定的多边形,那有没有什么图形是最不稳定的呢?"

"当然有了!"爸爸摸了摸铛铛的头,为铛铛能主动思考而感到高兴。爸爸从地上拿起 4 根小木条,将它们截成了**两两相等的**长度,然后将不同长度的小木条顺次用铁钉固定在一起,就构成了一个四边形。

铛铛疑惑地问道:"这就是最不稳定的图形吗?"

爸爸笑着将平行四边形模具递给了铛铛说:"你拿着它的对角,向两边拉伸一下试试。"

铛铛轻轻地拉动了一下木条,只见四边形马上变得扁平,换个角度拉动,它又恢复了原状。铛铛激动地向妈妈展示:"妈妈,您快看，它能随意地变化呢！"

妈妈端着水果笑着从厨房走出来，对铠铠说道："这个图形是平行四边形，它的两组对边平行且相等，在多边几何图形中，它是最不稳定的，你看，一拉它就变形了。"

铠铠低着头摆弄着手上的平行四边形模具，说道："那它这么容易变形，岂不是在日常生活中很没用吗？"

"当然不是啦，正是因为平行四边形最不稳定，才让它在生活中发挥了很多其他图形发挥不了的作用啊！"妈妈一边整理着地上的工具箱，一边向铛铛讲解道。

"那什么物品的制作是运用了平行四边形的不稳定性呢？"铛铛用手托着下巴，好奇地向妈妈追问道。

妈妈拍了拍铛铛的肩膀，笑着说道："这个就要靠你自己慢慢去发现了！"

爸爸从阳台上拿来了折叠的衣架，对着铛铛眨了眨眼睛，铛铛突然拍了一下大腿，站起身说道："我知道了，这个衣架就是根据平行四边形不稳定的特点而设计的，它拉开的时候可以悬挂物品，合上的时候又方便收纳，原来平行四边形不稳定性的优点在这个地方啊。"

爸爸搂着铛铛的肩膀继续说道："不单单是这个呢！我们小区的电动拉门也运用了平行四边形的不稳定性原理，下次出门的时候，你可以仔细观察一下。因为平行四边形具有不稳定性，这让人们可以根据自己的需求来改变它的形状。消防员在灭火时需要用消防云梯以便准确到达起火点，消防云梯的设计就运用了平行四边形的不稳定性原理，可以让消防员根据需要调整上升的高度。还有折叠椅也运用了这种原理。"

"怪不得妈妈总和我说只要认真观察，就能发现很多生活中的知识。看来以后我和妹妹要更加留心才行呢！"

妈妈对铛铛说："可不要小看这些几何图形，我们可以根据它们的不同性质设计出不同的生活物品，这些物品给人们的生活带来了方便与快捷。多观察几何图形，你会发现它们藏着更多秘密呢！"

总结

　　对物体进行形体间的变换，可以帮助我们更好地了解几何图形的特性。观察实物物体，如文具盒、笔筒，转换不同角度，判断每一面的形状、大小是怎样的。或者将立体图形拆解成平面展开图，充分了解立体图形的底面和高的关系。

12 美丽的对称王国

如果你仔细观察就会发现，

大部分的动物，以及类似枫树等植物的叶子，

它们都是对称图形。

春节到了，家家户户都喜气洋洋的，妈妈正忙着往窗户上贴精美的窗花，窗花上的红色鲤鱼栩栩如生，好看极了。妈妈转过头看见目不转睛盯着窗花看的铠铠和锁锁，便笑着问道："孩子们，你们知道对称图形吗？"

"我知道。"铠铠率先抢答，"就是沿着一条直线对折，直线两边的图案可以完全重合的图形。"

妈妈对铠铠竖起了大拇指，并说道："没错！但这只是对称图形中的一种，这种图形叫作轴对称图形，中间的那条线就是它的对称轴。"

"妈妈，这么说还有别的对称图形了？"锁锁忍不住开口提问。

"是的，你们看这幅窗花上的图案，将其旋转180°就会与原来的图案完全重合。这类图案也称为对称图形，它们叫作旋转对称图形。"妈妈耐心地跟孩子们解释着。

"难怪妈妈突然问我们关于对称图形的问题，原来是受到窗花图案的启发啊。"铛铛指着窗花笑着说道。

妈妈搂过铛铛的肩膀说："身为数学老师，当然得和你们普及

生活中的数学知识啊。怎么样，数学思维是不是无处不在呀？"

"妈妈，我发现好多建筑物、手工艺品的造型都是对称图形，这是为什么啊？"锁锁向妈妈说出了自己心中的疑惑。

"因为对称图形非常具有美感啊，大自然中美丽的蝴蝶、绚丽的枫叶都是对称图形。所以古人也学会了利用和展示对称美，像埃及的金字塔、法国的埃菲尔铁塔、印度的泰姬陵和中国的故宫都是对称建筑的典范。在中国古代园林的设计里，工匠艺人更是将对称美运用得淋漓尽致。就连我们人体的构造也是对对称美的一种诠释，你看我们都有两只眼睛、两个耳朵、两条胳膊，如果把中间的线当成对称轴，那么我们身体的左右两侧是不是看起来也大致相同呢？"妈妈激动地向孩子们讲述道。

铠铠低着头沉思了一会儿说道："好像真的是这样啊！"

"哇！真没想到，对称图形真是无处不在。"锁锁赞叹道。

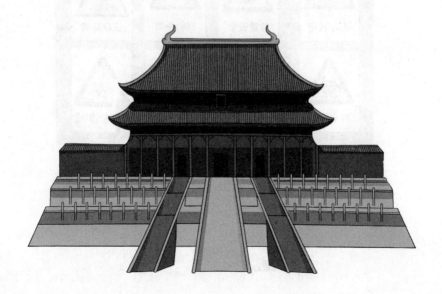

妈妈拉着铛铛和锁锁的手，接着说道："其实对称不仅在图形里有应用，它也是一种思维方式。就比如我们春节时在门上贴的对仗工整的对联，还有诗词里的对偶句，同样也是对称美的一种体现。怎么样，现在你们对对称的概念是不是有了更深一步的了解？"

"嗯，我们现在特别喜欢对称图形呢！"铛铛笑着说。

妈妈看到铛铛认真可爱的模样也不禁笑了起来。

下面是一些生活中常见的警告标识，请你试着找出标识中的对称图形吧。

答案：④⑤③②

总 结

　　对称图形是我们在日常生活中经常接触的图形，任何一个图形经过变换都能成为对称图形。圆形是典型的旋转对称图形，等腰三角形是三角形中的轴对称图形，动物们大多都是左右对称的轴对称图形。

智勇游戏城

试练七

铛铛和锁锁在树林里玩耍，他们捡到了6根长短不同的小木棒，分别是3厘米、4厘米、4厘米、4厘米、7厘米、8厘米。铛铛和锁锁想从中挑选3根小木棒，围成一个三角形。请你帮忙推断一下可以围成哪些不同的三角形。

3厘米　　4厘米　　4厘米　　4厘米

7厘米　　　　　8厘米

试练八

假期，爸爸带着铛铛和锁锁去乡下爷爷家里度假。人们为了不让牛撞倒庄稼，会用一根长4米的绳子，把牛拴在一根木桩上，这样牛受到绳子的约束，只能吃到其附近的青草。看到这一幕的爸爸笑着让铛铛和锁锁计算，这头牛最多能吃到多少平方米的青草？

试练九

爷爷的家里有一大块梯形土地，如下图所示，阴影部分是爷爷种植茄子的区域，约 2145 平方米，空白部分为爷爷想种植辣椒的区域。铛铛和锁锁想为爷爷计算出种植辣椒区域的面积，你也试着算一算吧！

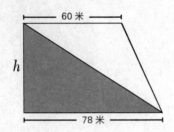

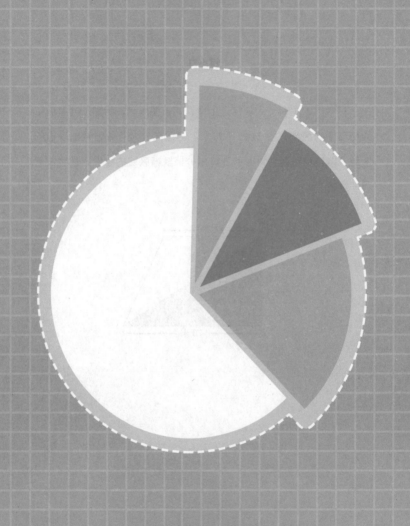

第 4 章

简练的抽象思维

　　抽象是与具象相对应的一种思维方式，简单来说，就是通过分析，抽丝剥茧地找到事物的本质。抽象的过程是从解答问题出发，通过对经验事实的比较、分析，排除无关紧要的因素，提取研究对象的重要特性。抽象思维在数学中的应用不胜枚举，就连数学符号也运用了抽象思维。快来一起看看生活中有哪些事情应用了抽象思维吧！

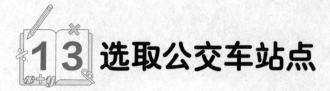

13 选取公交车站点

每一个公共设施的建立都是为了给大家提供便利，

所以选址格外关键。

妈妈的讲解让孩子们知道了如何寻找到最佳站点。

铛铛家小区前面的马路上准备设立一个公交站点，他们一家人出门的时候正巧遇到施工队的工人在搭建公交车站候车亭，铛铛和锁锁好奇地站在路边观望。

妈妈摸着锁锁的头开心地说道："今后你们上学就可以和小伙伴们一起乘坐公交车了，这样可方便多了！"孩子们听到后兴奋地拍手欢呼起来。回家的路上，走累了的铛铛向妈妈抱怨道："要是把公交站点建在小区门口就好了，这样每天一出门就能坐上公交车啦！"

妈妈向孩子们解释道："公交站点的位置可不是随意设立的，这附近有两栋居民楼，设立的位置一定是大家都觉得便利的地方才行呢！"

"那怎样选取对大家都方便的位置呢？"锁锁在一旁问道。

"不如等咱们回到家里画个示意图来说明吧。"妈妈提议道。

回到家后，妈妈把画好的示意图摆在孩子们面前的桌子上，并说道："你们看，马路的右侧共有两栋居民楼，通常建设者会选择距离两栋居民楼路程之和最短的位置作为公交站候车亭的搭建点。"

妈妈指着示意图给孩子们继续讲解："你们看这幅图上，直

线 MN 就代表我们家前面的这条马路，B 点是我们家所在的位置，A 点是我们旁边那栋楼所在的位置。"

"我们要先画一个 B 点关于直线 MN 的对称点 B'，你们知道对称点怎么画吗？"

"我知道，我来画！"铠铠迫不及待地举起了小手。

"真不错，这一步就解决了我们的大难题！接着我们用线段把 A 点和 B' 点连接起来，AB' 与 MN 相交的这一点，我们将它称作 P 点，它就是公交站点应该设立的地方。"妈妈拿出直尺和铅笔，标好了 P 点的所在位置。

"为什么啊？"锁锁疑惑地问道。妈妈抬起头反问她："那你知道两点之间怎么保证路程最短吗？""我知道，两点之间线段最短，这个老师上课讲过的。"锁锁自信地说。

"没错，这就是找到公交车站建立点的关键，要想居民们出行都方便，就要保证 $PB + PA$ 的距离最短，找到对称点 B' 就构建了一个等腰三角形，PB 和 PB' 是等腰三角形的两条腰，它们的长度相等。那么，图中 $PB + PA$ 的长度就等于 $PA + PB'$ 的长度。"妈妈指着示意图向孩子们讲解道。

铠铠惊喜地发现："那不就是线段 AB' 的长度嘛！"

"对呀，所以根据两点之间线段最短，P 点就成了建造公交车站的**最优点**。"妈妈补充道，"复杂的生活问题，经过抽象思维变成了简单的几何模型，再利用我们已知的几何性质，难题就迎刃而解了。你们看抽象思维在生活中是不是有很大的作用啊？"

孩子们都赞同地点点头，没想到抽象思维还能应用到日常中。

找某个点的轴对称点

- 从这个点向对称轴作垂线。
- 再向对称轴的另一侧延长这条垂线。
- 在延长线上选和这个点到对称轴距离相等的线段。
- 线段的另一个端点就是这个点的轴对称点。

总 结

　　生活中的很多问题都可以抽象为几何模型，我们可以利用学过的几何知识来更好地解决问题。抽象思维是一种对基础知识的提炼，只要抓住复杂问题的核心，难题就能迎刃而解。

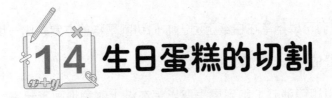

14 生日蛋糕的切割

铛铛和锁锁最爱过生日了，

吃着浓郁、软糯的奶油蛋糕，心都是甜甜的，

可是爸爸出的一道关于切割蛋糕的问题却把他们难住了。

铛铛与锁锁的生日在四月份。每到生日那一天，爸爸和妈妈就会买一个很大的蛋糕，上面插上蜡烛，然后陪着他们吹蜡烛许愿望，庆祝他们又长大了一岁。

今年也不例外，切蛋糕的时候，爸爸突然想出了一道题，想考考两个孩子，只有答对问题的人才可以吃到蛋糕。铛铛和锁锁盯着美味的蛋糕，眼馋得直咽口水。

爸爸出的题目是："一块儿圆形蛋糕，切 3 刀，最多可以把蛋糕分成多少块？"

铛铛和锁锁围着蛋糕，挥动手臂做模拟切割的动作，他们两人思索片刻后，几乎异口同声地回答："是 6 块！"

"确定吗？回答错误的人可吃不到蛋糕哟！"爸爸朝着孩子们机智地眨眨眼。

"你们可以用笔在白纸上画出你们切割蛋糕的方案，比一比看谁有更好的办法！"妈妈提议道。

铛铛和锁锁赶忙跑到屋里取出笔在纸上唰唰地画了起来，画完后又认认真真地把每小块蛋糕都标上了序号，然后又转过头去看了看对方的结果。虽然两个人的方案不同，但结果都是分成了6块。

妈妈微笑地看着孩子们说道："都画得很棒啊，铛铛的分法合

理公正，锁锁的分法整齐美观。但这些都不是能将蛋糕分割成块数最多的方法。"说着，妈妈拿出自己画好的切蛋糕图纸问孩子们："你们数一数，按照这样的方法切分，蛋糕会被分成几块呢？"

铛铛和锁锁低着头，伸出手指一个接一个地数了起来，蛋糕居然被切分成了 **7** 块，其中有一小块蛋糕藏在了周围 6 块蛋糕的中间。孩子们知道自己答错了问题，吃不到蛋糕有些气馁。于是，爸爸打算再给他们一次机会，加试一道题："如果切 **4 刀**，最多可以将蛋糕分成几块呢？"

铠铠发现切的几刀不能重合，这样蛋糕分成的数量就会变多。锁锁发现几刀之间的交点越多，蛋糕被分成的块数就越多。两个人经过反复思考、不断试验，最终得出结论：蛋糕切四刀最多能分成 11 块。如下图所示：

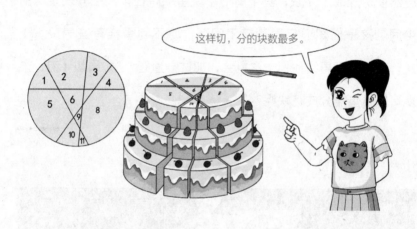

这样切，分的块数最多。

铠铠和锁锁通过敏锐的观察发现了问题的本质，也如愿吃到了美味的蛋糕。本质上，蛋糕的表面是一个圆形，而切割蛋糕就是将圆形进行分割的问题，这就是一次利用抽象思维分析的过程。每一刀落下的位置可以抽象成一条直线，这也是我们以后会学到的直线平面分割问题。但如果把蛋糕当成立体图形——圆柱体，切 3 刀就可以将它分成 8 小块。小朋友，你想到了吗？快自己动手试一试吧！

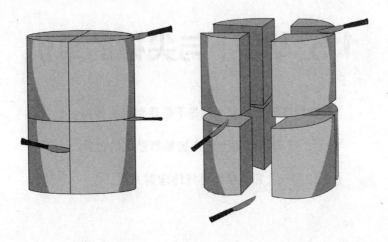

总结

　　蛋糕是生活中的实物，但经过抽象思维就变成了几何图形——圆形。生活中这样的例子非常多，几何也是具体的、想象的实体，经过进一步抽象，就演变为定理。通过抽象思维更容易抓住问题的核心。

15 胡萝卜与尖椒的单价

提到方程的计算，你是不是感到晕头转向呢？

快来跟我们一起走进抽象思维的世界，

它能帮你更好地理解方程。

妈妈去外婆家的这几天，爸爸担负起了家里做饭的重任，但是爸爸的厨艺实在有限，铛铛和锁锁几乎每天吃的都是同一道菜，孩子们在心里默默地盼望着妈妈能够早一点儿回来。

这不，一连两天，爸爸去超市里都只买了**胡萝卜和尖椒**两种蔬菜。因为尖椒炒五花肉是爸爸的拿手菜，自从这道菜得到了铛铛和锁锁的认可后，爸爸的自信心便也增强了，爸爸将这道菜作为开启自己厨艺大门的钥匙。

铛铛爸爸是个大大咧咧、不拘小节的人，每次去买菜都是把挑好的菜直接递给售货员，从来不问蔬菜的**价格**。

但当数学老师的铛铛妈妈却是认真严谨的人，她会记录下日常的**每笔支出**。眼看妈妈就要回来了，这两天的记账本上还是空白的，铛铛和锁锁想一起帮爸爸把账本补充完整。

值得庆幸的是，这几天菜市场里蔬菜的价格并没有什么变化，铛铛和锁锁已经在学校里学习了简单的四则运算，他们想靠自己算出胡萝卜和尖椒的单价。他们认真地观察过：

第一天爸爸买了 4 根胡萝卜和 2 个尖椒，一共花了 15 元；第二天爸爸买了 5 根胡萝卜和 4 个尖椒，一共花了 24 元。

$$\text{🥕🥕🥕🥕🥕} + \text{🌶🌶🌶🌶} = 24 (元)$$

锁锁惊喜地发现，第二天购买尖椒的数量正好是第一天的 2 倍，她转过头对铛铛说："如果将第一天购买的所有蔬菜的数量增加一倍，那花费的钱也要相应地增加一倍。"

铛铛思考了一会儿，答道："这么说，购买 8 根胡萝卜和 4 个尖椒就要花费两个 15 元，也就是 30 元。"

$$\text{🥕🥕🥕🥕🥕🥕🥕🥕} + \text{🌶🌶🌶🌶} = 30 (元)$$

"但是爸爸第二天只买了 5 根胡萝卜，并没有买 8 根胡萝卜，除此之外都是一样的。"锁锁说道。

铛铛摸了摸后脑勺，反应了一会儿，恍然大悟地说道："所以多出来的钱就应该是 3 根胡萝卜的价格，对不对？"

锁锁对铛铛的看法表示认同，她开心地拉着哥哥的手，笑着说："没错，就是这样！那 1 根胡萝卜的单价就应该是 2 元。"

$$\text{🥕🥕🥕} = 30 - 24 = 6 (元) \qquad \text{🥕} = 2 (元)$$

铛铛激动地对妹妹说："现在我们只要把胡萝卜的单价代进

去，就很快能求出尖椒的单价了。1根胡萝卜是2元，4根胡萝卜就花费了8元。再用总价格减去胡萝卜的价格，剩下的就是尖椒的价格啦。"

$$🥕🥕🥕🥕 = 4 \times 2 = 8 \,(元)$$

锁锁抢答道："剩下的是7元，2个尖椒的价格是7元，那1个尖椒就是3.5元！"铛铛看着锁锁说："尖椒的单价是3.5元，胡萝卜的单价是2元，我们再放到第二天的付款单里去检验一下吧！5根胡萝卜花了10元，加上4个尖椒是 $4 \times 3.5 = 14$（元），正好等于 24 元，看来我们计算的没错。""太好了！"锁锁对着铛铛竖起了大拇指，"这下我们可以帮爸爸登记记账簿了。"

$$🌶️🌶️ = 15 - 8 = 7 \,(元)$$

$$🌶️ = 3.5 \,(元)$$

其实，整个运算的过程与抽象成方程组的过程是一模一样的，所以学好抽象思维，复杂的方程组也不再是洪水猛兽了。

总结

　　数学方程式是数学中抽象思维最普遍的应用。在方程式里，我们把现实问题的未知数设成 x 和 y。还有数学里的集合，就是运用符号语言简练地表述实际情况。在整个数学学科中都蕴含着抽象思维。

16 饥饿的蚂蚁找食吃

聪明的小蚂蚁不但能通过触角辨别方向,

还能通过灵敏的嗅觉去寻找食物,

更重要的是它能找到到达食物的最短路径.

铠铠和锁锁都有着强烈的好奇心,他们不但喜欢经常向爸爸妈妈提问,还总是留心观察自然和生活,善于思考。

有一天,他俩发现,储物柜的上面倒放着一小瓶蜂蜜,由于瓶盖没有拧紧,蜂蜜从瓶口处流了出来,而柜子的下面趴着一只瘦小的蚂蚁。它孤零零地趴在那儿,好像是和它的小伙伴们走散了。这只蚂蚁看起来应该已经饿了很久了,它爬行的速度非常缓慢,突然它顺着柜子向上面爬。铠铠和锁锁相互对视了一眼,马上意识到,蚂蚁应该是嗅到了蜂蜜的味道。

铠铠和锁锁悄悄地躲在一旁观察,小蚂蚁并没有沿着柜子的侧棱向上爬,而是在侧面的柜壁上斜着向上爬。储物柜的柜面相对比较滑,小蚂蚁看起来很虚弱,几次差点儿从侧壁上面滑落下来,但它还是一直顽强地坚持着。铠铠和锁锁都被小蚂蚁不放弃

的精神打动了。

　　小蚂蚁最终爬到了储物柜的上面，开心地吸吮起了蜂蜜。铛铛和锁锁为小蚂蚁能成功吃到食物而感到高兴，只是他们始终不理解小蚂蚁为什么会选择这样一条求食路线。

　　锁锁把小蚂蚁的故事讲给妈妈听，妈妈夸奖他们细心观察生活，还告诉他们要向蚂蚁学习，即使面对困难也不能轻言放弃，

绝望的后面往往隐藏着生机。铛铛把他们的疑惑讲给妈妈听，妈妈听了以后开心地笑着说："没想到这还是只非常聪明的小蚂蚁呢！"

铛铛好奇地看着妈妈，问道："为什么说这只小蚂蚁聪明呢？"

妈妈从房间里拿出了纸、笔，向孩子们提问道："你们看到小蚂蚁的时候，它的身体很虚弱，看上去已经饿了很长时间了，对吗？"锁锁点头回应道："是的，它看起来已经快要爬不动了。"

妈妈接着问道："那它应该选择一条什么样的路线去吃到蜂蜜呢？"铛铛不假思索地说道："当然是一条容易攀爬的路线。"妈妈微笑着说："不对，我觉得它会选择一条到达蜜罐的最短路线，因为它的体力有限，必须确保自己有力气爬到食物所在的位置。"两个孩子沉思了一会儿，觉得妈妈说得有道理。

铛铛继续追问道："那怎样才能找到最短的路线呢？""所有的立体图形都是有平面展开图的，储物柜是正方体，我们把正方体转换成平面图形，就能更容易弄明白这个问题啦。"妈妈说完便在纸上画起了草图。

"这两个正方形分别是储物柜的正面和右侧面，如果把它们放在同一平面内铺开，就会变成一个**长方形**。现在你们找一下小蚂蚁最开始所在的位置，然后用笔在那个地方画个圆点。"妈妈将

草稿图递到孩子们面前。

这就是正方体储物柜两个侧面的展开图。

锁锁拿起笔很快标了出来，妈妈又向孩子们确认了一遍，铛铛也点点头以示准确。

"我们把蚂蚁所在的位置称为 M 点，而蜂蜜罐在图中 A 点的位置，要想找到 M 点到 A 点的最短距离，就要将这两个点用线段连接起来，MA 就是小蚂蚁吃到蜂蜜的最短路线，是不是和你们观察到的很像呢？"

　　铛铛回想起小蚂蚁爬行的轨迹，惊呼道："真是这样，原来它是按照最短距离的方式去觅食的，没想到蚂蚁也懂得几何知识啊！"

总　结

　　　抽象思维通常用来研究事物的本质和共性。公理、概念也是从具象的实际生活中总结出来的。运用抽象思维总结出来的概念往往能准确地概括它们的共性，且普遍适用；而形象思维具有局限性。

智勇游戏城

试练十

铛铛和锁锁正在做一个小游戏，下图中的三个情绪小人分别代表 0 ~ 9 中的一个数字，你能帮铛铛和锁锁推算出每种情绪小人代表的数字吗？

（1）😊  + 😊 = 🤓

（2）😉  × 😎 = 🤓

（3）😎  + 😎 + 😎 = 🤓

试练十一

铛铛和锁锁的班级准备开展安全知识竞赛小组活动，要求全员分成小组参加。如果每个小组有 7 个人，则剩下 3 个人；如果每个小组有 8 个人，则还差 5 个人。那么你知道铛铛和锁锁班级里一共有多少人，此次活动一共分成了几个小组吗？

试练十二

在古代有一个非常经典的数学问题，它的名字叫作鸡兔同笼。这天铠铠和锁锁在做数学作业时，也遇到了一道关于鸡兔同笼的问题。题目如下：

将若干只鸡和若干只兔子放到一个笼子里，从上面数，一共有8个头，从下面数，一共有26只脚，求笼子里的鸡和兔子各有多少只？

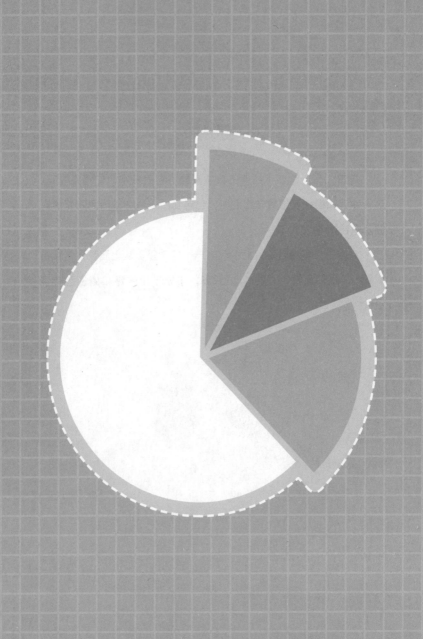

第5章

智慧的逆向思维

　　逆向思维能够打破常规的、固有的思维模式，带给我们看待问题的新角度。任何事物都有两面性，由于受到经验的影响，人们对待事物容易看到自己熟悉的一面，而对另一面却视而不见，逆向思维能帮助我们很好地克服这一点，让我们有出人意料的发现。创新的来源就是从逆向思维开始的。学会逆向思维，就等于找到了打开新世界大门的钥匙。

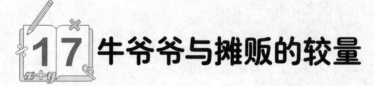

17 牛爷爷与摊贩的较量

原本集市上的摊贩想要欺诈牛爷爷，

却被他识破，并用巧妙的方式化解了，

铛铛和妈妈都被牛爷爷的逆向思维惊到了。

今天妈妈打算做孩子们最喜欢吃的糖醋排骨，便让铛铛陪着去菜市场买排骨，一路上铛铛蹦蹦跳跳的，可开心了。菜市场里摆满了各类新鲜的水果、蔬菜，红彤彤的辣椒，绿油油的菠菜，还有刚熏（xūn）好的熏鸡，看得铛铛直流口水。妈妈买好排骨，刚转过头便遇见了楼上的邻居牛爷爷。

"牛爷爷，您也来买菜啊！铛铛，快跟牛爷爷打招呼。"妈妈笑着拉过了身边的铛铛。铛铛开心地冲着牛爷爷问好，牛爷爷疼爱地摸了摸铛铛的头。

"是啊，我过来买点儿西红柿，这菜市场里的蔬菜很新鲜。"牛爷爷回应道。铛铛和妈妈与牛爷爷告别后，转过头发现牛爷爷在不远处的一个菜摊前停下，正在向摊贩询问西红柿的价格。

铛铛记得上次他和妈妈在那里买过菜，那个摊贩很狡诈，故意缺斤短两。他拉住妈妈的衣角，对她说："我们要不要去提醒一下牛爷爷，让他当心不要被摊贩骗了？"妈妈看着摊贩义愤填膺（yīng）地说："好，我们去看看，绝不能让奸商得逞！"

牛爷爷看着粉嫩嫩的西红柿，上面还带着翠绿的根蒂，很满意，对着摊贩说："老板，帮我称几个西红柿吧！"

只见摊贩从一筐西红柿中随手拿了三个放在了电子秤的秤盘

上，看了一眼，转过头笑嘻嘻地对牛爷爷说："一斤半的西红柿，一共三块七，吃好了您再来啊。"

铛铛紧张地拉住了妈妈的衣袖，问："怎么办？要不要过去暗示一下牛爷爷不要买这家的菜啊？"妈妈拉住了铛铛，说："不急，我们再观察一下，等牛爷爷掏钱的时候，我们可以当场揭露摊贩的无良行径，让他没机会辩解。"

牛爷爷看着秤盘上的西红柿笑着对摊贩说："三个西红柿要三块七吗？我一个人，做点儿西红柿鸡蛋汤用不了这么多！"摊贩皱着眉从秤盘上拿走了一个最大的西红柿，看也不看，就对牛爷爷说："一斤二两，一共三块钱。"妈妈生气地说："现在这摊贩也太奸诈了，秤上的西红柿很明显不到一斤二两，这不是骗人吗？"

牛爷爷丝毫没有生气，他从钱包里面拿出了7角钱，平静地放在菜摊上，然后拿起刚才摊贩老板从秤盘上拿下来的最大的那个西红柿，转身扬长而去，只剩下摊主呆呆地站在原地。

反应过来的妈妈转过身对着铛铛兴奋地说："牛爷爷真是太聪明了，他这是运用了逆向思维，在与摊贩斗智斗勇呢！""什么是逆向思维？"铛铛不解地问道。

妈妈蹲下来，摸着铛铛的头对他说："逆向思维就是指不按常理出牌的一种创新思维。通常情况下，我们肯定是去拿电子秤

上的西红柿，再把钱付给摊贩。但牛爷爷已经意识到了摊贩的奸

计，知道秤盘上的西红柿不足一斤二两，于是拿走了摊贩去掉的

大西红柿，再付给摊贩对应的价格，这种方式就是'反其道而行

之'的逆向思维啊。"

"那牛爷爷是如何知道西红柿不足秤的呢？"

"假设三个西红柿同样大小，一个大概就是一块二左右，摊贩

拿走的那个明显比另外两个要大，那剩下两个西红柿的价格肯定不到二块四，而摊贩回答的时候看都不看，就说是三块，很明显是在骗人。"

经过妈妈的讲述，铛铛总算是弄清楚了，他现在对牛爷爷佩服得不得了，笑呵呵地拉着妈妈说："那这么看，牛爷爷不仅没吃亏，还省钱了，太棒了，我也要学好逆向思维！"

总 结

逆向思维也称作求异思维，数学中的逆运算也运用了这种思维，比如，减法是加法的逆运算，除法是乘法的逆运算。逆运算可以帮助我们更有效地解决数学问题，逆向思维能帮助我们找到解决问题的新途径。

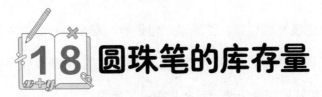

18 圆珠笔的库存量

逆向思维还叫作逆向倒推，

就是根据结论反过来一步一步地

推断出前面已经发生的情况。

铠铠的二叔经营着一家文化用品商店，铠铠和锁锁最喜欢去他店里玩耍。商店里的文具琳琅（láng）满目：货架上摆满了精美的笔记本，上面印着憨态可掬的动画人物，还有水果形状和小动物形状的橡皮，以及花花绿绿的书皮包装纸……锁锁经常目不转睛地盯着那些好看的文具，站在橱窗前一动不动，而铠铠则对那些新款的运动器材情有独钟。

周末，二叔打算出趟远门，他把铠铠和锁锁叫过来帮忙看店，当然和他们一起的还有他们正在休假的爸爸。二叔叮嘱完一些需要注意的安全事项后就出发了。铠铠和锁锁则像模像样地在柜台边站好。

虽然是周末，但来往的顾客并不少，一上午，就卖出了 **30** 盒棒棒糖圆珠笔。铠铠和锁锁一个忙着招呼顾客，一个忙着把装好商品的购物袋拿给顾客，虽然累，但是他们都很开心。中午的时候，来了辆送货车，送来了二叔从厂家购进的 **50** 盒棒棒糖圆珠笔，铛铛和锁锁帮着爸爸一起把货搬进了库房。

下午又来了几拨顾客，虽不像上午时那般忙碌，但仍卖出了 **15** 盒棒棒糖圆珠笔。不知不觉间，月亮悄悄地爬上了树梢，悬挂在墨蓝色的天空中。铛铛和锁锁都觉得今天过得很充实、很快乐。

到了下班打烊的时候，铠铠和锁锁帮着爸爸清点库存，发现此时还剩下 72 盒棒棒糖圆珠笔。可是他们忘记问二叔账本放在哪里了，因此无法得知棒棒糖圆珠笔昨天的库存量是多少，两个孩子你看看我，我看看你，都因此犯了难。

爸爸提议说："你们不妨用逆向思维的方式试着计算看看。"

爸爸进一步分析道："棒棒糖圆珠笔昨天的留存盒数是需要

我们去求的，这一天当中，棒棒糖圆珠笔的数量发生了三次变化：第一次变化是上午卖出 30 盒棒棒糖圆珠笔，第二次变化是中午购进 50 盒棒棒糖圆珠笔，第三次变化是下午卖出 15 盒棒棒糖圆珠笔。三次变化后，我们剩余 72 盒圆珠笔，对吗？"铛铛和锁锁都点头以示正确，于是爸爸接着说："那就可以用逆向倒推的方式，一步一步地进行计算。"

第一步：商店里现在有圆珠笔 72 盒，在下午卖出 15 盒圆珠笔之前应该有多少盒圆珠笔呢？

需要用加法计算：72 + 15 = 87（盒）

第二步：在中午购进的 50 盒圆珠笔到货之前，商店里应该有多少盒圆珠笔呢？

需要用减法计算：87 - 50 = 37（盒）

第三步：在上午卖出 30 盒圆珠笔之前，商店里应该有多少盒圆珠笔呢？

需要用加法计算：37 + 30 = 67（盒）

所以圆珠笔昨天的库存量为：

$$72 + 15 - 50 + 30 = 67（盒）$$

"我好像明白了，爸爸，逆向倒推就是把这一天的事情倒着演练一遍，对吗？"锁锁经过爸爸的启发，已经慢慢理解了逆向倒推的过程。

铛铛也清楚了逆向推导就是数学当中的逆运算："所以我们只需把卖出的圆珠笔的数量用加法计算，再将购入的圆珠笔的数量用减法计算就可以得出圆珠笔昨天的库存量了。"

孩子们离开店铺，走在路上哼着歌，心想今天真是收获满满、充实的一天啊！

总 结

很多人觉得逆向思维非常困难，其实通过生活中的实际案例去理解，就会容易得多。逆向思维可以看成是反向思考，就是由已知结果反向推导过程。

19 文奶奶的年龄有多大

铛铛和锁锁好奇地想知道文奶奶的年龄，

文奶奶出了一道题目想考考他们，

没想到却被聪明的铛铛和锁锁用逆向思维的方式给破解了。

铛铛家的楼下搬来了一户新邻居，夫妻俩都是医生，平日里工作忙碌，早出晚归。他们的孩子在市重点高中读书，成绩优异，名列前茅，最近课业繁重，为了节省通勤时间，就索性住校了。大部分时间，都只有文奶奶一个人在家，赶上周末铛铛妈妈做了好吃的，就会让孩子们给文奶奶送过去。

文奶奶虽然头发花白，脸上布满了岁月的痕迹，但是心态很年轻。她每天都神采奕奕的，穿着格子衬衫，戴着眼镜，闲时喜欢做点儿小手工，妈妈常说文奶奶心灵手巧。她也很喜欢小孩子，一见到铛铛、锁锁就笑呵呵地给他们拿零食，还喜欢给他们讲故事。

铛铛和锁锁也特别喜欢听文奶奶讲故事，她的肚子里藏着好多好多的故事，这些故事很有意思，是爸爸妈妈从来没讲过的。

这天，铠铠和锁锁又在文奶奶家里听故事，听完故事，铠铠忍不住问道："奶奶，您从哪里知道这么多故事的？我和爸爸妈妈讲，他们都没听过呢！"文奶奶伸出手捏了捏铠铠的小脸蛋，微笑着说："因为奶奶年纪大了，所以听过的故事自然比别人多一些。"

锁锁一只手搂住了文奶奶的胳膊，好奇地问道："文奶奶，您今年多大年纪了？"

文奶奶，您今年多大年纪了？

"你们猜猜。"文奶奶卖起了关子。

"猜不出来。"铛铛摇摇脑袋。

"这样吧,我出道题考考你们,看看谁比较聪明,能推算出我的年纪。把我现在的年龄加上17,再除以4,减去15,再乘10,恰好是100岁。"

铛铛和锁锁听到文奶奶出的题,相视一笑,铛铛说:"文奶奶,您这个问题可难不倒我们,我和锁锁最近刚学了逆向思维。"

"那你们可要认真回答哟,答对了有奖励,奶奶给你们切西瓜吃!"

"没问题!"锁锁爽快地回答道。

锁锁率先提出解决的方案:"首先要观察题目里文奶奶的年龄发生了几次变化。"铛铛回应道:"是四次:第一次是在文奶奶的年龄上加上17,第二次是在第一次结果的基础上除以4,第三次是在第二次结果的基础上减去15,第四次是在第三次结果的基础上乘10。四次变化后,文奶奶的年龄变为了100。如果将这四次变化按顺序依次用逆向倒推的方式计算,我们就能得到文奶奶的年龄了。"

"就这么办。"铛铛赶忙拿来了纸和笔。

第一步:在最后一步变化以前的数值是多少呢?应用数字100除以10。

$$100 \div 10 = 10$$

第二步：在减去 15 之前的数值是多少呢？应在上一步结果的基础上加上 15。

$$10 + 15 = 25$$

第三步：在除以 4 之前的数值是多少呢？应在上一步结果的基础上乘 4。

$$25 \times 4 = 100$$

第四步：加上 17 以前的数值是多少呢？应在上一步结果的基础上减去 17。

$$100 - 17 = 83$$

经过缜密的推算，两个人终于得出了结论："文奶奶，您今年 83 岁了，对吗？"文奶奶从厨房端出刚切好的西瓜，笑着回答："完全正确！"

总 结

　　逆向思维可以让我们不被固有的想法束缚，让我们的思维更活跃。锻炼逆向思维时，不妨多试试反向思考问题，看看结果是否会大不相同。勤于思考是掌握逆向思维的第一步。

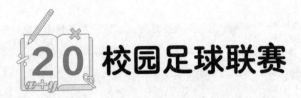20 校园足球联赛

学校承办了市级校园足球联赛，

可是操场草坪的修缮工作还没有完成，

每个人都在焦急的等待与盼望中。

铠铠和锁锁所在的学校正在筹备一年一度的市中小学足球联赛，为此学校准备重新修缮足球场的草坪。铠铠可是出了名的足球健将，这次比赛，他想为学校夺取一个好名次，所以一早就和足球队的小伙伴们开始准备了。

可是，足球场的草坪还没有修缮完工，大家暂时失去了训练场地，铠铠则一下课就跑到操场边观望，看看工人师傅们的进度。锁锁是学校宣传部的，负责宣传的老师让她出一期校园宣传栏，可是因为足球场还没铺好，所以锁锁的宣传照片迟迟无法拍摄。大家都期盼着足球场快点儿修好。

"铠铠你说，这足球场有多大的面积啊？"锁锁望着远处铺好嫩绿色鲜草的草坪问道。"这我也不知道啊！"铠铠摸了摸后脑勺，思考了半天也没得出结论。

"不过从草坪重新翻修那天起，我每天都来。第一天完成了足球场**整个草坪面积**的 $\frac{1}{3}$；第二天铺了**余下草坪面积**的 $\frac{1}{4}$，且多了 750 平方米；第三天铺了**剩下草坪面积**的 $\frac{1}{2}$，且多了 500 平方米，现在应该还剩下 1000 平方米的草坪没铺。"

"你怎么这么清楚？"锁锁难以置信地看着哥哥。

"我问过修缮草坪的工人师傅啊！"铛铛回答道。

"那你为什么不直接问一下足球场的面积呢？"锁锁不解地问道。

"这……"铛铛停顿了一下，随后尴尬地答道，"当时我还没有考虑过这个问题。"

"那我现在去问。"锁锁边说边站起身，准备向足球场走去，铛铛把她拉了回来："我们学了这么久的逆向思维，刚好可以解决这个问题，比一比怎么样？"铛铛说着挑了挑眉毛，露出一副挑衅的表情。

锁锁顿时被激起了胜负欲，说道："比就比，谁怕谁。"

铛铛说："首先要从剩下的 1000 平方米入手。"

第一步：假设第三天干活前没铺的草坪面积为 S_1，第三天工人师傅修缮的草坪是 S_1 的一半还多了 500 平方米，剩下的就是最终没修的那 1000 平方米，也就是在 1000 平方米的基础上加上 500 平方米，正好是 S_1 的一半。

$$S_1 = (1000 + 500) \times 2 = 3000 \text{（平方米）}$$

第二步：假设第二天干活前没铺的草坪面积为 S_2，第二天工人师傅修缮的草坪是 S_2 的 $\frac{1}{4}$ 还多了 750 平方米，剩下的正是 S_1 的面积，也就是在 S_1=3000 平方米的基础上加上 750 平方米，等

于 $\left(1-\dfrac{1}{4}\right)$ 个 S_2 的面积。

$$\left(1-\frac{1}{4}\right)S_2 = 3000 + 750$$

$$S_2 = (3000 + 750) \div \left(1-\frac{1}{4}\right) = 3750 \div \frac{3}{4}$$

$$= 3750 \times \frac{4}{3} = 5000 \text{（平方米）}$$

第三步：假设第一天没干活前的面积为 S_3，第一天没干活前显然就是整个足球场的面积，第一天工人师傅修缮的草坪是 S_3 的 $\dfrac{1}{3}$，剩下还没有修的草坪面积是 S_3 的 $\dfrac{2}{3}$，正是 S_2 的面积。

$$\left(1-\frac{1}{3}\right)S_3 = S_2 = 5000 \text{（平方米）}$$

$$S_3 = S_2 \div \left(1-\frac{1}{3}\right) = S_2 \times \frac{3}{2} = 5000 \times \frac{3}{2}$$

$$= 7500 \text{（平方米）}$$

铛铛率先说道："我算出来了！"他在数学计算上向来很有信心。

锁锁拿着计算器，又按照正常施工的进程检查了一遍自己的答案，确认和最终剩余的 1000 平方米的数值相符，才慢慢地盖上了笔帽，说道："我也算完了。"

两个人几乎异口同声地说："足球场的面积是 7500 平方米。"然后便笑作一团。对他们来说，每次靠自己的思考、推理得出最终答案的过程是特别快乐的，那种体验简直比过生日收到礼物还让人高兴。

　　铠铠和锁锁又跑到草坪旁边向施工的工人师傅询问了足球场的面积，结果和他们计算出的得数大致相同。他们开心地向教学楼跑去，因为按照这个施工进度，崭新柔软的足球场地明天就能铺建好了。

总结

　　逆向思维的实用性非常强。事物都具有两面性，有利也有弊，多转换角度去思考，就会有新的发现。

智勇游戏城

试练十三

爸爸拿出了一瓶 400 毫升的饮料，将它分别倒进了铛铛和锁锁的杯子里，由于没有提前估算好，使两个杯子中饮料的量不相同。锁锁拿起自己的杯子，往哥哥的杯子里又倒了 40 毫升后，两个杯子中饮料的量正好相等。你知道在锁锁没分给铛铛饮料前，两个人杯子中的饮料分别是多少毫升吗？

试练十四

　　植树节到了，铛铛的学校一共购进了 350 棵树苗，一、二年级种植了40棵树苗，三、四年级种植的是一、二年级的二倍还少5棵树苗，五、六年级种完后剩下 90 棵树苗，求五、六年级种植了多少棵树苗？

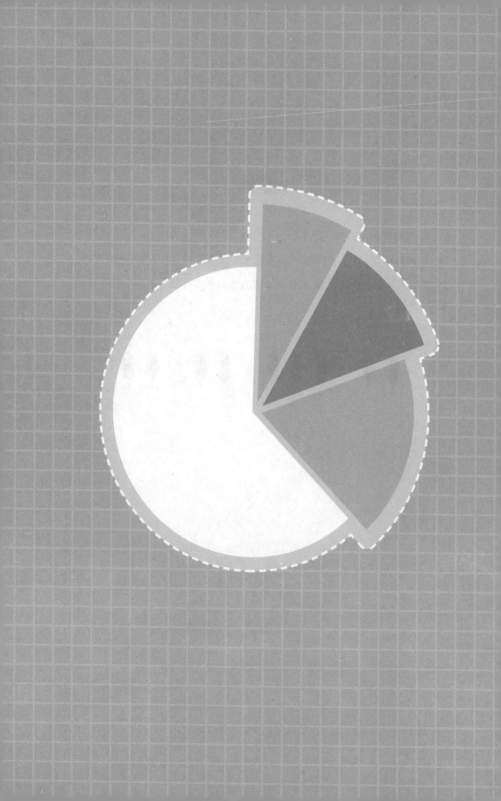

第6章
整体与局部思维

任何一个整体都是由局部组成的，如一辆汽车可以拆分成不同的零件，一张纸可以剪成许多碎片，五官是我们面部的一部分，大脑是我们身体的一部分。由此可见，局部和整体是密切关联、不可分割的。学习整体与局部思维，能让我们既重视大局，又不遗漏细节，在解决问题时更加细致和全面。

21 汉字的拆分

每个汉字都有它独特的构成，

有些可以拆分成几部分，每部分又是一个独立的汉字。

下面跟铠铠和锁锁一起通过汉字的拆分来了解整体与局部思维吧！

放学后，铠铠和锁锁满怀喜悦地回到了家，和爸爸妈妈分享他们今天在学校里的收获。上语文课的时候，老师教给他们一首古诗，是唐代著名诗人贺知章的《回乡偶书》，他们还大声地把诗里的内容背诵给爸爸妈妈听。爸爸妈妈为他们学习到了新知识而感到高兴，锁锁说他们今天学会了一个生字——"章"，还知道用"章"可以组成很多词语，比如"文章""篇章"。

妈妈想考察一下两个孩子的掌握情况，就对他们说："你们能把这个汉字正确地书写下来吗？"铠铠和锁锁迫不及待地想向妈妈展示他们的学习成果，立马从书包里掏出本子和铅笔，伏在桌子上写了起来。

他们很快就写好了，锁锁的字很工整，横平竖直，间距适中，能够体现出汉字的结构美感。铠铠的字迹相对潦草，部首之间间距很大，一个汉字被分成了三部分，妈妈辨认了好一会儿才发现它们是一个整体，忍不住笑出了声。

　　妈妈指着本子上的汉字笑着问铛铛："你写的是'立''日''十'吗？"锁锁疑惑地凑过来，一看还真是，便跟着一起笑了起来。妈妈说："你们发现了吗？'章'这个字可以拆分出很多独立的汉字，你们看出了哪些？"

　　锁锁抢先回答说："我知道，有站立的'立'和早起的'早'。"

　　"对，还有吗？"妈妈点点头对锁锁的回答表示认同，然后转过头看向铛铛。

　　铛铛思索了一会儿，站起来激动地说："还有音乐的'音'和一个'十'字。""真棒，我都没看出来呢！"妈妈对铛铛竖起了大拇指。

　　妈妈又补充了一条："挡住中间的'日'字，'立'和'十'还能组成辛苦的'辛'字。"

　　"没想到'章'字里面竟然包含了这么多汉字，真是神奇啊！"铛铛惊喜地感叹道。

　　其实不单单是汉字，只要你用心观察，就会发现任何事物都可以拆分成不同的部分，任何独立的事物又可以组合成一个新的整体，这就是整体与局部思维。当你从全局的角度思考时，就能轻松地把握重点和方向，不容易出错。当你从局部的角度思考时，就能从细节出发，避免遗漏。把二者相结合，往往能发挥出更大的作用。

　　为了让铛铛和锁锁更好地理解整体与局部思维，妈妈给他们讲了一个经典的成语故事——田忌赛马。

　　"战国时期齐国有一名大将军，名叫田忌。他有一个痴迷的爱好，就是喜欢与人赛马。有一天，他和齐威王约好，进行一场比赛，他们各自从马厩中分别挑选上、中、下三个级别的马进行比试。田忌每次都派出同等级别的马与齐威王比试，但齐威王的马无论是品种还是素质都比田忌的马强一些，一连几次，田忌都败下阵来。他很失落，垂头丧气地离开了赛马场。刚走没多远，田忌遇到了

自己的好朋友孙膑。孙膑拍着田忌的肩膀对他说：'我刚刚看了比赛，齐威王的马比你的快不了多少，你同他再比一次，我有办法让你赢。'田忌疑惑地问孙膑：'可是要换新的马匹？'孙膑自信地回答：'一匹也不需要换。'

　　"田忌返回了赛马场，齐威王正在得意地夸赞自己的马匹，一听说田忌不服气要再比试一轮时，讥讽地笑了。第一局，孙膑以下等马对阵齐威王的上等马，结果输了。齐威王站起身嘲笑道：'没想到大名鼎鼎的孙膑先生竟然想出这么拙劣的对策啊。'孙膑没有理会，接着开始第二场比赛，他用上等马对阵齐威王的中等马，结果取得了胜利。齐威王开始紧张。第三局，孙膑用中等马对阵齐威王的下等马，结果又一次取得了胜利。这下齐威王目瞪口呆了。比赛的结果是三局两胜，田忌终于赢了齐威王。"

	田忌		齐威王	
第一场	败（下等马）	VS	胜（上等马）	
第二场	胜（上等马）	VS	败（中等马）	
第三场	胜（中等马）	VS	败（下等马）	

　　妈妈喝了口水，继续对铠铠和锁锁讲道："田忌和齐威王的两次赛马，双方都选用了和之前相同的马匹，但结果却大不相同。从整体上看，田忌的马不如齐威王的马精良，输给他是必然趋势。可是从局部的角度分析，齐威王每个等级的马比田忌的马快不了太多，如果田忌选择比齐威王高一个等级的马匹对阵，就有可能赢。这也是孙膑的对战策略。所以整体和局部思维在关键时刻还是能起到非常大的作用的。"铠铠和锁锁听完后都信服地点点头。

总结

　　整体与局部是相对的概念，整体的概念要放在一定的条件下。数学中运用整体与局部思维的例子有很多，首先我们要从众多的单个式子中找到它们存在的整体共性，再根据这一点去做结合，计算就会很轻松。

22 客厅里的艺术画

客厅墙面用于装饰的手工作品图案奇特,

像是两幅画拼接在一起产生的效果,

铛铛和锁锁对这图案产生了很大的兴趣.

铛铛家里前段时间重新装修,爸爸的一位艺术家朋友专门创作了一幅布艺手工作品送来当作贺礼。这幅布艺手工作品被爸爸悬挂在客厅的墙上,用来装点白净单调的墙面。

这是一幅田园风景油画图的绣品,但并不是一幅完整的画,而是将画裁剪成不规则的三个三角形,拼放在墨绿色扎染的棉麻布料上,棉麻布与油画的图案交错呼应,相得益彰。

铛铛和锁锁不理解好好的田园油画图为什么要裁剪成三个三角形,就像一幅照片被撕碎后藏起来了一部分,眼前的景物突然变得不完整了,看着怪别扭的。

可爸爸说这叫留白,因为有对比,油画的色彩不至于显得太艳丽,让人眼花缭乱,而扎染的颜色看起来又不至于太寡淡。而且要想拼接得好,且不显得突兀,最考验绣师的技艺。只有缺失的部分才会给人更多的想象空间，才越渴望将破碎的残片拼补完整。

这些话听得铛铛和锁锁云里雾里的，他们才不在意一幅布艺手工作品里隐藏着多少寓意呢，他们只是觉得新鲜，每次路过客厅的时候，总忍不住上前去瞧瞧。

这幅画怎么不全啊？

一天，妈妈看见两个孩子又在盯着布艺装饰画看，便说道："这三个三角形的风景油画图刺绣可不是随意设置的，你们俩有没有兴趣求一下它们的面积。"

"这怎么求啊？连个数值都没有。"锁锁忍不住噘着嘴抱怨道。

"别急，我知道这整块平行四边形装饰画的面积是 **4800** 平方厘米。"妈妈回答道。

"没有了吗，就这一个数值？"铛铛问道。

妈妈说："是的，其他尺寸妈妈也不知道了。"

锁锁说："三角形的底和高都不知道，这根本没办法计算啊！"

妈妈温柔地说："虽然我们知道的条件只有一个，但利用妈妈之前跟你们讲过的整体与局部思维，还是可以得到问题的答案的。"

锁锁不解地问："这和整体与局部思维有什么关系呢？"

妈妈看着两个孩子束手无策的样子，启发他们说："你们不妨先在纸上画出它的抽象草图。"

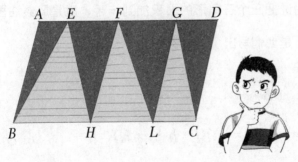

两个孩子虽然不知道要怎么解决求面积这个难题，但还是听了妈妈的建议，他们还担心草图上三角形的形状与装饰画上的不同，但是妈妈说只要画出大致的形状就可以了。画完后，妈妈还用字母帮他们标好了每一个点所在的位置。

妈妈指着草图说道："你们发现了吗？ △ EBH、△ FHL、△ GLC 这三个三角形的高都是相同的，它们都等于平行四边形的高。"经过妈妈的提示，铛铛和锁锁也发现了这三个三角形的共通之处。

"我们可以将平行四边形的高设为 h，你们先把每个三角形面积的计算公式写下来。"铛铛和锁锁开始动笔唰唰地写了起来。关于三角形面积的数学表达式，妈妈在很早之前就教过他们了。

$$S_{\triangle EBH} = \frac{1}{2}BH \cdot h$$

$$S_{\triangle FHL} = \frac{1}{2}HL \cdot h$$

$$S_{\triangle GLC} = \frac{1}{2}LC \cdot h$$

妈妈说把三个三角形的面积加到一起，就是风景油画图的总面积。于是他们写出了下面的式子：

$$S_{油画} = S_{\triangle EBH} + S_{\triangle FHL} + S_{\triangle GLC}$$

$$= \frac{1}{2}BH \cdot h + \frac{1}{2}HL \cdot h + \frac{1}{2}LC \cdot h$$

"这个由三个式子相加得到的式子，有相同的部分，我们把它们提取出来，就得到：

$$S_{油画} = \frac{1}{2}h \times (BH + HL + LC)$$

"我们观察草图又可以发现 BH、HL、LC 的和正好是平行四边形的底 BC 的长度，而 BC 乘 h 又恰好是平行四边形的面积，把平行四边形的面积当作一个整体代入，阴影部分的面积就求出来了。"

$$BH + HL + LC = BC$$

$$S_{油画} = \frac{1}{2}(h \times BC) = \frac{1}{2} \times 4800$$

$$= 2400（平方厘米）$$

铛铛和锁锁没想到把他们困住的难题被妈妈轻而易举地攻破了，妈妈说不是因为她聪明，而是因为她能更加熟练地运用整体与局部思维，在这幅布艺手工作品里，平行四边形是整体，而三个三角形是局部，所以把平行四边形面积的数值代入计算公式里面，就得到了答案。

总 结

整体与局部之间不是大和小的关系，而是包容的关系，局部中也隐含着整体的信息，我们可以凭借局部去了解整体。比如：我们看到了鳍，就知道它是鱼身上的部位，进而推断出它可以在水中游。

娇艳的郁金香花坛

计算常规几何图形的面积会用面积计算公式就行，

那么对于不规则的图形又该如何计算呢？

其实，利用整体与局部思维，就能轻松计算出复杂图形的面积。

　　锁锁家小区楼下的花园进行了改造，在原来的基础上扩大了绿化面积，修建了一个外围呈圆形的花坛。这个花坛设计得十分漂亮，里面种着红色和黄色的郁金香。从楼上俯瞰，黄色的郁金香仿佛流动的清泉，涌入了红色的郁金香海洋中，两种颜色的花相互交错，分外迷人。

　　春风吹过，花香四溢，老人们喜欢坐在花坛边下棋，小朋友们喜欢围着花坛追逐打闹。花坛成了铛铛和锁锁的开心乐园，每天放学后他们总要跑到花坛边玩一会儿，直到妈妈喊他们吃晚饭，他们才会恋恋不舍地回家。

　　有一天，妈妈突发奇想，要考考铛铛和锁锁，她站在窗边，指着楼下的花坛说："你们知道花坛里红色花的种植面积有多大吗？"

"是黄色花外围那些红色的花吗？简单，只要用整个花坛的面积减去黄色花的面积就可以了！"铛铛自信地扬起了头，因为他学习了几何图形面积的计算公式。

锁锁补充说道："要先知道整个花坛的半径是多少才行！"

妈妈笑道："看来还是锁锁思路清晰，一下就抓住了问题的关键。花坛的半径是 4 米，我把花坛的俯视图画给你们，看看谁能先算出答案！"孩子们一听来了兴致，他们彼此都不想输给对方，但是他们盯着图看了半天，发现黄色花的图案是由四个类似逗号一般的图形构成的，这并不是他们日常学习的几何图形，所以根本不知道计算面积的公式是什么。

一回事。铛铛接着说："无论哪一个区域都不是完整的半圆啊，还很不规则，根本没办法计算。"

■ 红色
■ 黄色

"别着急，其实可以利用平时我和你们说过的整体与局部思维，先将这个图分解成一个个小部分，再利用割补法把图形变化一下。你们看，如果将里面红色花朵的小半圆与黄色花朵的小半圆对调，是不是就会容易得多？"妈妈把重新画好的花坛草图递给了铛铛和锁锁。

锁锁看了一会儿，豁然开朗地说："我明白了，用半径是 4 米的 $\frac{1}{4}$ 圆的面积减去半径是 2 米的半圆的面积，正好等于红色花

坛面积的 $\dfrac{1}{4}$ 。"（π 取 3 ）

■ 红色
■ 黄色

$$\dfrac{1}{4}S_{红色} = \dfrac{1}{4} \times 3 \times 4^2 - \dfrac{1}{2} \times 3 \times 2^2$$

$$= 12 - 6$$

$$= 6（平方米）$$

$$S_{红色} = 6 \times 4 = 24$$

想明白的铠铠开心地说："也可以直接用半径是 4 米的圆的面

积减去 2 个半径是 2 米的圆的面积来计算。"

■ 红色
■ 黄色

$$S_{红色} = 4^2 \times 3 - 2^2 \times 3 \times 2 = 24 \text{（平方米）}$$

"你们都答对了，而且也学会了整体与局部思维，真是聪明的孩子！"妈妈称赞道。

总 结

总体重要还是局部重要，要针对具体问题来分析。大局意识是每个人都应该具备的，如果没有大局意识，细节做得再好，效果也微乎其微。所以，从数量、比重等角度把握总体就成了解决问题的关键。

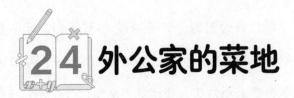

24 外公家的菜地

对于铠铠和锁锁来说，

在乡下外公家度过的假日时光是最开心的。

外公家的小兔子毛茸茸的特别可爱，

而且还有一块地专门种胡萝卜和白菜。

一转眼，暑假来临了。外公打电话说院子里的李子、杏已经成熟了，让铠铠和锁锁来家里过暑假。乡下的绿植多、车辆少，最适合度假。

到了外公家，外公把早已备好的刚采摘的新鲜水果端给铠铠和锁锁吃，可他们跑来跑去，看看这儿看看那儿，兴奋得不得了。

鸡窝边又多了一个小窝，是之前没有的，铠铠指着问外公那是什么，外公告诉他那是小兔子的窝。铠铠和锁锁特别喜欢小动物，赶忙跑过去，果真看到一只白色的小兔子正趴在窝里，耷拉着耳朵。锁锁小心翼翼地伸出手摸了摸，它的毛很柔软，摸上去舒服极了。那小兔子不跑也不动，就乖巧地待在兔窝里。

　　吃过了午饭，外公对两个孩子说道："孩子们，要不要跟外公一起去拔胡萝卜和白菜，回来喂小兔子？"孩子们欢喜地答应了，于是，铛铛背着小竹筐，锁锁戴上草帽，跟在外公身后出发了。菜地离外公家不远，他们很快就走到了。菜地里的青菜长得很好，看上去郁郁葱葱的，"外公，怎么没看到胡萝卜啊？"锁锁找了半天，疑惑地问道。"这边就是啊。"外公指着旁边的绿叶说道。

铛铛接着问道："胡萝卜不是橙黄色的吗，这是还没成熟吗？"外公握住绿叶顺势一拔，抖落一下土说道："这不就是胡萝卜吗？"铛铛和锁锁惊呼了起来，没想到胡萝卜是长在土里的。胡萝卜地的旁边就是白菜地了，一棵棵的白菜展开它翠绿色的叶子，里面还有嫩黄色的芯。整片菜地是三角形的，被分成了两块，左边种胡萝卜，右边种白菜，种白菜的是一块梯形土地。

"外公，这块白菜地有多大面积啊？"锁锁现在看什么都忍不住求一下面积。

外公说："我也没有测量过啊。"铛铛接着问道："那您知道这片菜地的面积吗？"外公摇摇头说："没计算过，不过白菜地和胡萝卜地之间的小道与菜地外围的一边是平行的，整个菜地是一块等腰直角三角形。中间这条小道长 5 米，那条外围长 9 米。"

铛铛说："也就是说白菜地是一块等腰梯形的菜地，这两条小路的长度就是它的上底和下底。""可是不知道梯形的高，我们还是算不出来白菜地的面积啊。"锁锁接着说。

梯形的面积公式：$S_{梯形} = （上底 + 下底）× 高 ÷ 2$

"你们可以回去问问妈妈，说不定她会有好办法。"外公提议他们找当数学老师的妈妈帮忙。

妈妈听了孩子们的讲述，在纸上画起了菜地的草图，递给孩子们，问道："是这样的吗？"

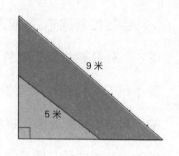

"是的，可是我们不知道梯形白菜地的高是多少。"铠铠无奈地摊开双手说道。

"你们刚才说，整块菜地是一个等腰直角三角形，对吗？那我有办法了，我们可以用整体与局部思维来解决这个问题。"妈妈对着孩子们机智地眨眨眼睛，孩子们却是一头雾水。

"我们可以用四个相同的等腰直角三角形拼成一个正方形。我画个图给你们展示一下。"妈妈说着就拿起笔画了起来。

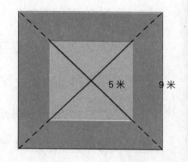

妈妈拿着新画好的图纸，继续为孩子们讲解道："这个图形是不是看着很熟悉？图中阴影部分的面积是白菜地面积的 4 倍，而阴影部分的面积刚好是边长 9 米与边长 5 米的两个正方形面积之差。"

$$S_{大正方形} = 9 \times 9 = 81（平方米）$$

$$S_{小正方形} = 5 \times 5 = 25（平方米）$$

$$S_{阴影} = S_{大正方形} - S_{小正方形}$$

$$= 81 - 25$$

$$= 56（平方米）$$

$$S_{梯形} = S_{阴影} \div 4$$

$$= 56 \div 4$$

$$= 14（平方米）$$

"啊，原来是这样，四个等腰直角三角形就能拼成一个正方形，我怎么没有想到呢！"随后铛铛又不解地问，"不过，这和整体与局部思维又有什么关系啊？"

妈妈说："如果从求梯形白菜地入手，条件不够，问题就会变得很复杂，但我们将白菜地看成一部分，然后把它补全，放在一个整体图形中，问题就很容易解决了。"

总 结

当把局部图形放在一个整体图形里面，它就具有了一些整体图形的性质，再利用这些性质进行运算，复杂的问题就会变得简单。整体图形的拆分也是一样的道理，其中用割补法求几何图形的面积最能体现这种思维方式。

智勇游戏城

试练十五

爸爸准备改造一块家用大理石石板，将一块长 100 厘米、宽 90 厘米的长方形大理石石板按照下图所示切割成 4 个三角形，其中外围 3 个三角形的周长分别是 300 厘米、150 厘米和 220 厘米。你能否帮忙计算出中间涂色三角形的周长是多少？

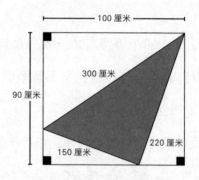

试练十六

周末，铛铛和锁锁准备给小猫珍珠洗澡，两个人想测量一下珍珠的体重。铛铛从储物柜里翻出妈妈做实验用的天平，又拿来了刚买回来标有重量的水果。假设同一种水果的大小和重量都相同，请你帮铛铛和锁锁计算一下小猫珍珠的重量。

(1) 🐱 + 🍎 = 🍍🍍🍍

(2) 🍎🍎 + 🥛 = 🍍🍍

(3) 🐱 = （   ）+（   ）+（   ）

解析与答案

试练一

我们仔细思考一下，从 6 张不同的纸牌中随机抽取 2 张，可以得到以下 15 种情况：

(♠A ♦5) (♠A ♣10) (♠A ♠4) (♠A ♥6) (♠A ♦8)

(♦5 ♣10) (♦5 ♠4) (♦5 ♥6) (♦5 ♦8) (♣10 ♠4)

(♣10 ♥6) (♣10 ♦8) (♠4 ♥6) (♠4 ♦8) (♥6 ♦8)

我们都知道一副纸牌中共有黑桃、方片、梅花、红桃这 4 种花色，在这 6 张纸牌中花色相同的有黑桃和方片 2 种。只有铠铠和锁锁抽中的牌同为黑桃或同为方片时，才能满足花色相同的游戏规则。也就是说，在这 15 种情况中，只有铠铠与锁锁抽中的是（♠A ♠4）或（♦5 ♦8）两种情况时，铠铠才胜利。因此，铠铠胜利的概率（P）为：

$$P = \frac{2}{15}$$

在 6 张纸牌中，梅花 10、黑桃 4、红桃 6 和方片 8 都属于数值为双数的纸牌。铠铠和锁锁抽到（♣10 ♠4）（♣10 ♥6）（♣10 ♦8）（♠4 ♥6）（♠4 ♦8）（♥6 ♦8）这 6 种情况时，才能满足纸牌数值同为双数的游戏规则。因此，锁锁胜利的概率为：

$$P = \frac{6}{15}$$

铠铠与锁锁获胜的概率不相等，因而这个游戏不公平。

试练二

从图片可知，题目中的骰子有 6 个面，上面分别有 1 ~ 6 个点数。如果将铠铠和锁锁骰子上出现的点数的所有情况都列举出来，我们会得到一个 6×6 的表格，其中包含 36 个数对，代表 36 种点数出现的情况。表格中蓝色区域代表铠铠与锁锁扔的骰子的点数相同，从中可以看出蓝色区域明显小于灰色区域，所以两个人抛骰子点数不同的概率更大。

（1,1）	（1,2）	（1,3）	（1,4）	（1,5）	（1,6）
（2,1）	（2,2）	（2,3）	（2,4）	（2,5）	（2,6）
（3,1）	（3,2）	（3,3）	（3,4）	（3,5）	（3,6）
（4,1）	（4,2）	（4,3）	（4,4）	（4,5）	（4,6）
（5,1）	（5,2）	（5,3）	（5,4）	（5,5）	（5,6）
（6,1）	（6,2）	（6,3）	（6,4）	（6,5）	（6,6）

怎么样，你答对了吗？

快来看一看，用数学的方式分别计算出的点数相同与点数不同的概率吧。

$$P_{点数相同} = \frac{6}{36} = \frac{1}{6}$$

$$P_{点数不同} = \frac{30}{36} = \frac{5}{6}$$

$$\frac{5}{6} > \frac{1}{6}$$

骰子的正面点数不同的概率比点数相同的概率要大。

试练三

我们可以采用树状图的方式，将铛铛抽到卡片的所有可能性列举出来。

第一次　　　　香蕉 A　　　　　　西瓜 A

第二次　　西瓜 A　香蕉 B　西瓜 B　　香蕉 A　香蕉 B　西瓜 B

第一次　　　　香蕉 B　　　　　　西瓜 B

第二次　　香蕉 A　西瓜 A　西瓜 B　　香蕉 A　西瓜 A　香蕉 B

综上，得出 12 种情况：

（香蕉 A，西瓜 A）（香蕉 A，香蕉 B）（香蕉 A，西瓜 B）（西瓜 A，香蕉 A）
（西瓜 A，香蕉 B）（西瓜 A，西瓜 B）（香蕉 B，香蕉 A）（香蕉 B，西瓜 A）
（香蕉 B，西瓜 B）（西瓜 B，香蕉 A）（西瓜 B，西瓜 A）（西瓜 B，香蕉 B）

铛铛抽到两张卡片为同一种水果的情况有（香蕉A，香蕉B）（西瓜A，西瓜B）（香蕉 B，香蕉 A）（西瓜 B，西瓜 A）4 种。因此，铛铛中奖的概率为：

$$P = \frac{4}{12} = \frac{1}{3}$$

铛铛中奖的概率为 $\frac{1}{3}$ ，那不中奖的概率为 $1 - \frac{1}{3} = \frac{2}{3}$ 。

试练四

我们可以先观察一下，这是一个中间为灰色瓷砖、四周为蓝色瓷砖的装修设计图。我们可以画一个 12×12 的方格图，将其涂满颜色，然后数出蓝色瓷砖和灰色瓷砖的数量。但这种方式太麻烦了，如果是 100×100 的方格图，不知道要数到什么时候。

通过观察我们可以得出这样的规律：

	灰色	蓝色
3×3 方格	$1 \times 1 = 1^2$	$4 \times 3 - 4 = 8$
4×4 方格	$2 \times 2 = 2^2$	$4 \times 4 - 4 = 12$
5×5 方格	$3 \times 3 = 3^2$	$4 \times 5 - 4 = 16$
…	…	…
n×n 方格	$(n - 2) \times (n - 2) = (n - 2)^2$	$4n - 4 = 4(n - 1)$

提示：蓝色瓷砖块的规律总结是由于正方形有四个边，每个边有 n 块，四个边就是 4n 块，减去顶角重叠的 4 块，即 4n － 4 块。

当 n = 12 时，

灰色瓷砖的数量为：$(12 - 2)^2 = 10^2 = 100$（块）

蓝色瓷砖的数量为：$4 \times 12 - 4 = 48 - 4 = 44$（块）

试练五

方案 1：把桌子长的一边依次贴靠在一起。

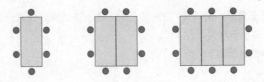

可以得出如下规律：

桌子张数	1	2	3	n
可坐人数	6	$6+2=8$	$6+2\times2=10$	$6+2(n-1)=2n+4$

当有 10 张桌子时，$n=10$，桌子周围可坐的人数是：$2\times10+4=24$（人）。

方案 2：把桌子短的一边依次贴靠在一起。

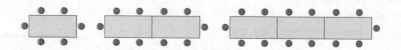

桌子张数	1	2	3	n
可坐人数	6	$6+4=10$	$6+4\times2=14$	$6+4(n-1)=4n+2$

当有 10 张桌子时，$n=10$，桌子周围可坐的人数是：$4\times10+2=42$（人）。

试练六

试练七

要想组成三角形，需满足：在组成三角形的三条边中，任意一边大于其他两边之差，任意一边小于其他两边之和。

将已知条件进行如下分析：

边长 a	边长 b	边长 c
3厘米	4厘米	1厘米＜ c ＜7厘米
		4厘米
4厘米	4厘米	0厘米＜ c ＜8厘米
		4厘米
		7厘米
7厘米	3厘米	4厘米＜ c ＜10厘米
		8厘米
7厘米	4厘米	3厘米＜ c ＜11厘米
		8厘米

上表中所示的情况均满足3根小棒能围成三角形的条件。可以围成5种三角形：（3厘米、4厘米、4厘米）（4厘米、4厘米、4厘米）（4厘米、4厘米、7厘米）（3厘米、7厘米、8厘米）（4厘米、7厘米、8厘米）。

试练八

绳子长4米，以木桩为定点，牛能走到的最远距离为4米，所以牛吃草的最大活动范围其实是一个半径为4米的圆形。这也满足于圆的第一定义：在同一平面内，到定点的距离等于定长的点的集合叫作圆。

下图为牛能够吃到青草最大面积的草地俯视图。

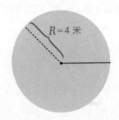

$$S_{草地} = \pi R^2 = 3.14 \times 4^2 = 50.24（平方米）$$

答：拴在木桩上的牛最多可以吃到 50.24 平方米的青草。

试练九

我们先观察一下土地示意图。这块土地的形状为直角梯形，被一条对角线分割成了两个三角形。这两块三角形土地的底不同，但高是相同的。

已知阴影部分三角形的面积是 2145 平方米，我们能由此推算出直角梯形土地的高。

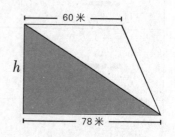

$$S_{阴影} =（底 \times 高）\div 2 = \frac{1}{2} \times（78 \times h）= 2145（平方米）$$

$$h = 2145 \times 2 \div 78 = 55（米）$$

空白部分是一块三角形的土地，三角形的底是 60 米，高是 55 米，得出：

$$S_{空白部分} =（底 \times 高）\div 2$$

$$= \frac{1}{2} \times（55 \times 60）= 1650（平方米）$$

通过计算，可知种植辣椒的土地面积是 1650 平方米。

试练十

观察第一个等式，😎😎是两个😊的和，在 0～9 之间，只有 2、4、6、8 符合条件，且😊是😎😎的一半。观察第三个等式，可得到 3×😎=😎😎，所以😎😎一定是 3 的倍数。在 2、4、6、8 中只有 6 符合条件，所以😎😎=6。进而推出😎=6÷3=2。把😎😎、😎代表的数字带入第二个等式，得出😊=3。综上，每种情绪小人代表的数字为：😎😎=6，😊=3，😎=2。

试练十一

根据全班两次分组情况，我们可以列出两个式子：

$$\begin{cases} 小组数 \times 7 + 3 = 班级人数 \\ 小组数 \times 8 - 5 = 班级人数 \end{cases}$$

将小组数设为 x，班级人数设为 y，可得出：

$$\begin{cases} 7x + 3 = y \\ 8x - 5 = y \end{cases}$$

$$\Downarrow$$

$$7x + 3 = 8x - 5$$

$$8x - 7x = 3 + 5$$

$$x = 8$$

$$y = 7 \times 8 + 3 = 59（人）$$

通过列二元一次方程组，我们可知，铛铛和锁锁的班级里一共有 59 人，此次活动一共分成了 8 个小组。

试练十二

第一种解法：

在这个问题中鸡和兔子的数量是两个未知的变量，如果用□表示鸡的数量，用△表示兔子的数量。鸡有 2 只脚，兔子有 4 只脚，我们可以得到这样两个式子：

$$\begin{cases} □ + △ = 8 & ① \\ 2□ + 4△ = 26 & ② \end{cases}$$

②－①得：

$$□ + 3△ = 18 \qquad ③$$

③－①得：

$$2△ = 10$$

$$△ = 5$$

将 △ = 5 代入①，得：

$$\square = 8 - \triangle = 8 - 5 = 3$$

通过运算可知鸡有 3 只，兔子有 5 只。

第二种解法——假设法：

假设笼子里装的都是鸡，1 只鸡有 2 只脚，则共有 2 × 8 = 16 只脚。

多出来的便是兔子的脚：26 − 16 = 10（只）。

所以兔子有 10 ÷ 2 = 5（只），进而得出鸡有 8 − 5 = 3（只）。

第三种解法——抬脚法：

让鸡都抬起 1 只脚，再让兔子都抬起 2 只脚，此时笼子里露出脚的数量正好是之前的一半：

$$26 \div 2 = 13 （只）$$

现在是每只鸡有 1 个头 1 只脚，每只兔子有 1 个头 2 只脚，脚比头多出来的数量就是兔子的数量：

$$13 - 8 = 5 （只）$$

再用头数减去兔子的数量就是鸡的数量：

$$8 - 5 = 3 （只）$$

试练十三

可以先将锁锁最开始杯中饮料的数量设为 x，那么铛铛最开始杯中饮料的数量就是（400 − x），根据他们分饮料后的结果，我们可以得到这样一个式子：

$$x - 40 = （400 - x） + 40$$

通过简单的加减法计算得到：$x = 240$（毫升）

则铛铛杯子里的饮料为：400 − 240 = 160（毫升）

因此，最开始锁锁杯子中的饮料是 240 毫升，而铛铛杯子中的饮料是 160 毫升。

这道题也可以利用逆向思维来解。

自始至终，一瓶 400 毫升的饮料总量没有变，目前两个杯子中的饮料的量是相同的，也就是说锁锁和铠铠杯中饮料的量都为一瓶饮料的一半，即 200 毫升。而这是从锁锁杯中倒出 40 毫升，再向铠铠杯中添加 40 毫升的结果。

锁锁原来杯中的饮料量需加上 40，即为 200 + 40 = 240（毫升）。

铠铠原来杯中的饮料量需减去 40，即为 200 − 40 = 160（毫升）。

试练十四

一、二年级🌳 + 三、四年级🌳 + 五、六年级🌳 + 剩余🌳 = 购进总🌳

运用逆向思维：

五、六年级🌳 = 购进总🌳 − 一、二年级🌳 − 三、四年级🌳 − 剩余🌳

$$= 350 − 40 − (40 × 2 − 5) − 90$$
$$= 350 − 40 − 75 − 90 = 145（棵）$$

答：五、六年级一共种植了 145 棵树苗。

试练十五

很多大人在面对这样的问题时都会束手无策，在他们的观念里求三角形的周长，就要先知道三角形每一条边的边长是多少，再将它们相加。但是我们通过已知条件，很难得知中间涂色三角形每条边的长度，如果要计算边长，还要使用勾股定理、方程等式等复杂的数学知识。不如用比较简便的整体与局部思维。

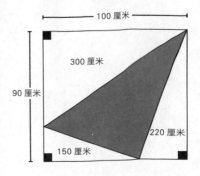

仔细观察切割图纸，我们发现中间涂色三角形的三个顶点都落在长方形的边上，已知外围 3 个三角形的周长加在一起的和恰好等于长方形的周长加上中间涂色三角形的周长。因此得出：

$$C_{涂色三角形} = C_{三角形1} + C_{三角形2} + C_{三角形3} − C_{长方形}$$
$$= 300 + 150 + 220 − (100 + 90) × 2$$
$$= 670 − 380$$
$$= 290（厘米）$$

这样将涂色三角形的周长看成一个整体，将外围三角形的周长拆分成不同的边，计算就会变得很容易。

试练十六

我们可以将第二个等式中的两个菠萝当成一个整体，带入第一个等式中，能得到：

等式两边都有一个苹果，消掉苹果后，我们就能得到小猫珍珠的重量。